"十四五"时期国家重点出版物出版专项规划项目

"中国山水林田湖草生态产品监测评估及绿色核算"系列丛书

王 兵 ■ 总主编

江西马头山森林生态站
野外长期观测数据集

石福习　毛　瑢　张　露　刘学东
罗晓敏　张　扬　胡陇伟　牛　香　■ 等著

中国林业出版社
China Forestry Publishing House

图书在版编目（CIP）数据

江西马头山森林生态站野外长期观测数据集 / 石福习等著. -- 北京 ： 中国林业出版社， 2023.12

（"中国山水林田湖草生态产品监测评估及绿色核算"系列丛书）

ISBN 978-7-5219-2566-1

Ⅰ．①江… Ⅱ．①石… Ⅲ．①自然保护区—森林生态系统—统计数据—江西 Ⅳ. ① S718.55

中国国家版本馆CIP数据核字（2023）第254567号

策划编辑：于界芬　于晓文
责任编辑：于晓文

出版发行	中国林业出版社（100009，北京市西城区刘海胡同7号，电话010-83143549）
电子邮箱	cfphzbs@163.com
网　　址	www.forestry.gov.cn/lycb.html
印　　刷	河北京平诚乾印刷有限公司
版　　次	2023年12月第1版
印　　次	2023年12月第1次印刷
开　　本	889mm×1194mm　1/16
印　　张	13
字　　数	278千字
定　　价	98.00元

《江西马头山森林生态站野外长期观测数据集》著者名单

项目完成单位：

江西马头山国家级自然保护区管理局

江西农业大学

中国森林生态系统定位观测研究网络（CFERN）

江西马头山森林生态系统国家定位观测研究站

项目组成员（按姓氏拼音排序）：

曹俊林	陈孝斌	程义杰	胡根秀	胡陇伟	孔　亭	刘学东
刘　祯	卢颖颖	罗晓敏	毛　瑢	邵湘林	石福习	孙培军
涂运健	魏浩华	熊　宇	占　中	张建根	张建勇	张　露
张　扬	郑享祥	周　唯				

编写组成员（按姓氏拼音排序）：

蔡淙文	蔡锦枫	陈广娇	陈慧敏	胡根秀	胡陇伟	黄康祥
揭昌亮	刘学东	罗晓敏	毛　瑢	牛　香	石福习	涂运健
薛子静	于乐琳	张　露	张雄飞	张　扬	周　唯	

前 言

党的二十大报告明确指出，要站在人与自然和谐共生的高度谋划发展，以中国式的现代化全面推进中华民族伟大复兴。"绿水青山就是金山银山""山水林田湖草沙是一个生命共同体"是实现人与自然和谐共生的现代化必须坚持的新发展理念，而明确"绿水青山"值多少"金山银山"和"水土气生人耦合机制"是其亟需解决的首要科学问题。2022年3月30日，习近平总书记在参加首都义务植树活动时提出"林草兴则生态兴"的重要论断，并指出森林是"水库、钱库、粮库、碳库"，生动形象地阐明了森林在国家生态安全和人类经济社会可持续发展中的基础性、战略性地位与作用。

中国森林生态系统定位观测研究网络（Chinese Forest Ecosystem Research Network，CFERN）和典型林业生态工程效益监测评估国家创新联盟（简称"联盟"）通过标准化的监测、试验，开展精准化的生态功能评估和价值核算，并探索多样化的生态产品价值化实现路径，这一切都离不开基础生态数据的支撑。当今社会已经进入大数据时代，生态观测大数据作为支撑生态环境管理科学决策的重要手段，对贯彻落实"绿水青山就是金山银山"的理念、评估森林"四库"、全面深入推进生态修复保护与碳中和目标的实现以及数字中国的建设具有重要意义。然而，原始的观测数据通常会存在诸如观测频率不一致、单位不统一、质量缺少控制等问题而难以直接使用，数据集是将原始观测数据经过有效分析处理后，生成的高质量、完整、有意义、便于使用的数据产品集合。数据集的编写，首先是对一个生态站野外长期观测工作的检查、总结和全面展示，野外观测工作做没做、对不对和值不值，都可以用数据产品来回答。其次，数据集是对CFERN生态数据资源共享模式的实践探索。截至2023年，CFERN已建近百个森林站，跨35个纬度区和9类森林分布区。这些站点因各自特点、监测人员习惯等原因，监测数据的命名、单位、存储等各不相同。目前，虽采取了统一网络上报的方式，连接一个个的信息孤岛，但上报结果并未公开共享，或是采用发表数据论文的方式，但一篇或几篇论文承载的数据量是有限的。数据集是一种新的数据共享模式，为CFERN和联盟进行生态服务价值评估、大尺度关键生态过程和机理研究及相关森林经营管理提供有效的基础数据支持。

位于我国武夷山西坡的江西马头山国家级自然保护区分布着大面积的原生性的中亚热带常绿阔叶林植被类型，森林覆盖率达 97.43%，生态环境优良，分布有南方红豆杉（Taxus chinensis）、美毛含笑（Michelia caloptila）、长叶榧（Torreya jackii）、伯乐树（Bretschneidera sinensis）、蛛网萼（Platycrater arguta）等国家重点保护植物。截至 2022 年，保护区内已查明分布有高等植物 265 科 1063 属 2934 种，其中国家重点保护植物 46 种（国家一级 1 种、国家二级 45 种）；陆生脊椎动物 445 种（两栖类 30 种、爬行类 53 种、鸟类 298 种、兽类 64 种），其中国家重点保护野生动物有 81 种（国家一级 14 种、国家二级 67 种）；鱼类 35 种；昆虫 1000 多种。鉴于该保护区较高的生物多样性和生态服务价值功能，在《国家陆地生态系统定位观测研究站实施方案（2021—2025 年）》中属于重点考虑的生物多样性保护优先区。

2017 年，江西马头山国家级自然保护区管理局筹措资金开始构建江西马头山森林生态系统定位观测研究站；2019 年正式筹建。2020 年 1 月，向江西省林业局申报设立江西武夷山西坡省级森林生态系统定位观测研究站。同年 3 月 17 日，江西省林业局正式批复同意建站。2021 年 9 月 10 日，邀请了国内长期从事森林生态站建设方面的专家对江西武夷山西坡野外科学观测研究站建设方案进行了国家标准《森林生态系统长期定位观测研究站建设规范》（GB/T 40053—2021）认证咨询。2023 年 4 月 24 日，江西省林业局正式行文国家林业和草原局，请求设立江西马头山森林生态系统国家定位观测研究站（简称"江西马头山站"），归口管理单位为江西省林业局，建设单位为江西省马头山国家级自然保护区管理局，技术依托单位为江西农业大学林学院。2023 年 5 月 5 日，根据国家林业和草原局印发的《国家陆地生态系统定位观测研究站发展方案（2023—2025 年）》，江西马头山站（曾用名江西武夷山西坡站）被列入发展方案。

江西马头山站作为 CFERN 中国森林生态系统典型抽样布局和观测体系的重要组成成员，立足华东中南亚热带常绿阔叶林及马尾松杉木竹林地区，以中亚热带原生性常绿阔叶林为主要研究对象，以次生型阔叶混交林、针叶人工林、针阔混交林和毛竹林等典型森林类型作为辅助研究对象，综合利用长期定位观测、控制试验和模型模拟等方法，明确中亚热带森林生态系统群落格局及其形成机制，揭示森林生态系统结构与功能的动态格局及其演变规律；明确濒危珍稀物种的濒危机制和保护策略，探讨中亚热带森林生物多样性的时空格局及其维持机制；基于全口径碳汇监测评估中亚热带森林的碳中和能力，阐明中亚热带森林关键碳循环过程、格局和机理，揭示中亚热带森林生态系统碳汇功能及其对全球变化的响应；基于高频率连续取样监测，探究中亚热带森林水源涵养功能与水土保持效益，揭示森林生态系统水文过程对气候变化的响应模式、适应机制和反馈效应；基于森林资源连续清查技术体系，监测与评价亚热带森林生态服务功能，系统评估天然林保护、退耕还林等重大林业工程生态效益，探索区域尺度生态效益补偿实现机制。基于以上研究，最终为亚热带森林生态系统生态服务功能维持、林业高质量发展、国家生态文明试验区建设、抚州市全国生态产品价值实现机制试点和武夷山国家公园建设提供监测数据和研究成果。

自2019年以来，在各级部门的大力支持和悉心指导下，江西马头山站被相继遴选为典型林业生态工程效益监测评估国家创新联盟理事单位（2020年）、国家林业和草原局江西武夷山西坡林草生态综合监测站（2021年）、CFERN林草生态综合监测体系野外台站（2021年）、森林碳中和全口径监测武夷山分中心（2021年），成立了北京林业大学林草生态碳中和智慧感知研究院江西武夷山西坡研究基地（2021年），入选了"全国物候长期观测联盟"（2023年），实现了多次跨越式发展。

江西马头山站自2017年开始观测以来，按照CFERN系列标准，不断完善森林生态系统长期定位观测体系，加强监测技术队伍建设和数据质量控制的工作，对该区域森林水文、土壤、气象、生物以及其他要素进行长期定位观测和数据积累，数据管理方面的工作逐步走向规范。截至2022年，江西马头山站已积累了近6年的基础观测数据。江西马头山站基于国家标准《森林生态系统长期定位观测指标体系》（GB/T 35377—2017）规定的观测指标，依据国家标准《森林生态系统长期定位观测方法》（GB/T 33027—2016）规定的观测方法，在数据质量控制的基础上，对2017—2022年的基础观测数据进行筛选、提取、整理，生成完整、可靠的野外长期观测数据集，包括森林水文、土壤、气象、生物和调控环境空气质量功能数据集，进一步拓展了数据服务的广度和深度，探索了CFERN生态数据资源共享模式，为国家重大生态工程效益评估、大尺度关键生态过程和机理研究以及森林生态产品价值实现提供数据支持，对顺利实现国家生态文明试验区建设和努力打造美丽中国"江西样板"具有重要意义。

感谢所有参与江西马头山站数据观测、收集和整理的工作人员，感谢在数据集编纂过程中提出宝贵建议的各位同行专家。受编者水平所限，本数据集可能存在不足之处，敬请读者批评指正。

著 者

2023年12月

目 录

前言

第一章 江西马头山站基本概况
1.1 生态区位与建设定位 ··· 1
1.2 自然地理概况 ··· 2
1.3 动植物资源 ·· 4
1.4 观测平台建设 ··· 6
1.5 观测设施和仪器设备 ·· 12
1.6 观测场编码 ·· 12

第二章 江西马头山站森林水文要素数据集
2.1 水量空间分配格局观测数据集 ······································· 17
2.2 水文观测数据 ··· 20
2.3 水质数据集 ·· 23

第三章 江西马头山站森林土壤要素数据集
3.1 土壤物理性质数据集 ·· 29
3.2 土壤化学性质数据集 ·· 32
3.3 土壤有机碳密度数据集 ··· 35

第四章 江西马头山站森林气象要素数据集
4.1 气压数据集 ·· 38
4.2 风速、风向数据集 ··· 40
4.3 空气温湿度数据集 ··· 43
4.4 土壤温度数据集 ·· 46
4.5 降水量数据集 ··· 47

第五章 江西马头山站森林群落学特征数据集

5.1 森林群落主要成分数据集 ································ 51
5.2 群落生物量、碳储量数据集 ································ 93

第六章 江西马头山站森林调控环境空气质量数据集

6.1 森林环境空气质量数据集 ································ 95
6.2 空气负氧离子数据集 ································ 98

附 表

表 1 江西马头山站高等植物名录 ································ 101
表 2 江西马头山站国家重点保护野生植物名录 ································ 172
表 3 江西马头山站国家重点保护野生动物名录 ································ 174
表 4 江西马头山站其他重点陆生野生动物名录 ································ 178
表 5 江西马头山站 2017—2023 年承担科研项目统计 ································ 187
表 6 江西马头山站 2017—2023 年发表论文统计 ································ 189
表 7 江西马头山站 2017—2023 年授权专利情况统计 ································ 192

附 录

江西马头山站部分珍稀植物图谱（乔木） ································ 194
江西马头山站部分野生动物图谱（兽类） ································ 195
江西马头山站部分野生动物图谱（鸟类） ································ 196
江西马头山站部分野生动物图谱（两爬） ································ 197
江西马头山站部分野生动物图谱（昆虫） ································ 198

第一章
江西马头山站基本概况

1.1 生态区位与建设定位

1.1.1 生态区位

江西马头山森林生态系统定位观测研究站（简称"江西马头山站"）位于江西马头山国家级自然保护区（简称"马头山保护区"）内，地理位置为东经117°09′11″~117°18′、北纬27°40′50″~27°53′52″。马头山保护区地处武夷山脉中段西麓，是江西省迄今唯一的野生植物类型的国家自然保护区，地带性森林植被为亚热带常绿阔叶林，森林覆盖率达97.43%，生态环境良好，生物多样性丰富。在国家林业和草原局发布的《国家陆地生态系统定位观测研究站实施方案（2021—2025年）》中，马头山保护区属于生物多样性保护优先区"武夷山地区"。截至2022年，区内已查明有高等植物265科1063属2934种，其中国家重点保护野生植物46种（国家一级1种、国家二级45种）；陆生脊椎动物445种（两栖类30种、爬行类53种、鸟类298种、兽类64种），其中国家重点保护野生动物有81种（国家一级14种、国家二级67种）；鱼类35种；昆虫1000多种。

马头山保护区位于典型的中亚热带区域，连接着江西和福建两个国家生态文明试验区，是鄱阳湖水系信江河最大支流白塔河的源头和水源涵养地，也是国际生物模式标本产地和物种基因库，具有较高的生物多样性和生态服务价值。而且，马头山保护区毗邻武夷山国家公园，是环武夷山国家公园发展带重要的组成部分，以地带性森林生态系统恢复维系区域社会经济持续发展的国家战略和地方需求显得尤为紧迫。因此，在马头山保护区建立生态站，旨在诠释和保障武夷山脉"国家重点生态功能区"的生态屏障作用，符合国家陆地生态系统定位观测研究站向国家公园、生物多样性保护优先区等重点生态区倾斜的政策，是"完善国家野外科学观测研究站管理、优化站点布局和新时代基础研究新作为"的重要举措。

中国森林生态系统定位观测研究网络（Chinese Forest Ecosystem Research Network，CFERN）将中国重点生态功能区和中国生物多样性保护优先区进行空间叠置筛选，建立了基于生态地理区划的中国森林生态系统典型抽样布局和观测体系。其中，江西武夷山区位于华东中南亚热带常绿阔叶林及马尾松杉木竹林地区，江西马头山站作为该区域的监测站之一，承担着对中亚热带典型森林生态系统的动态变化格局与过程进行长期观测的重任。

1.1.2 建设定位

江西马头山站立足华东中南亚热带常绿阔叶林及马尾松杉木竹林地区，以中亚热带常绿阔叶林作为观测和研究主体，以落叶阔叶林、针叶人工林、针阔混交林、毛竹林等森林类型为辅，按照《森林生态系统长期定位观测方法》（GB/T 33027—2016）、《森林生态系统长期定位观测指标体系》（GB/T 35377—2017）和《森林生态系统长期定位观测研究站建设规范》（GB/T 40053—2021）等标准的要求，对森林水文要素、森林土壤要素、森林气象要素、森林小气候梯度要素、微气象法碳通量、大气沉降、森林调控环境空气质量功能、森林群落学特征、森林动物资源、竹林生态系统和其他 11 类观测指标进行长期定位观测，并根据区域特色和优势，着重开展中亚热带森林生态系统结构和功能及其演变规律、生物多样性维持与保护、森林碳汇功能评估与提升、森林水文过程与水源涵养功能、重大林业工程生态效益监测与评估等方面的研究，最终为亚热带森林生态系统生态服务功能维持、林业高质量发展、武夷山国家公园建设和国家生态文明建设提供监测数据和研究成果。

1.2 自然地理概况

1.2.1 地理位置

江西马头山保护区位于江西省抚州市资溪县的东北部，武夷山脉中段，江西和福建两省交界的武夷山脉西麓，地理坐标为东经 117°09′11″ ~ 117°18′、北纬 27°40′50″ ~ 27°53′52″。

马头山保护区基本以山脊为界，北邻江西省贵溪市，西接资溪县马头山镇的山岭村、斗垣村，东南面以武夷山脉主山脊与福建省光泽县为界，总面积 13866.53 公顷，其中核心区面积 3062.47 公顷，缓冲区面积 2780 公顷，实验区面积 8024.06 公顷。

1.2.2 地质地貌

马头山保护区所处的武夷山区位于现今欧亚大陆板块东南部新华夏系第二隆起带上，处崇安—石城深断裂带西侧，在漫长的地质历史发展阶段中经历了多次构造运动。保护区内的原始陆壳形成于晚太古代至古元古代，至早古生代末，经历晋宁、加里东构造阶段的演化发展，华夏古板块与华南古板块形成统一的华南古板块，晚古生代末，受海西—印支运动的影响，华南古板块与扬子板块对接形成统一的古亚洲大陆，至中生代末，经历了燕山期大陆造山运动的深刻影响，并经历新生代（喜马拉雅阶段）的不断抬升而形成了现今的武夷山系。由于经历的构造多受南北向力偶作用，故保护区内多形成北北东—北东向的压扭性断裂。

保护区地貌与上述地质构造旋回史紧密相关。保护区在构造位置上处于新华夏系一级构造怀玉山—武夷山隆起带与华夏系（式）一级构造三南—上饶构造隆起带的复合部位。构造特征和地貌发展过程都与区域构造运动有密切关系，主要经历了扬子和加里东旋回、海西旋回和印支旋回，从而形成了现在的地貌特征。区内最高峰1308米，最低海拔185米，属于以中山为主的中低山地貌区。

1.2.3 气候类型

马头山保护区地处中亚热带湿润季风气候区，气候温和，雨量充沛，年平均气温16～18℃，极端最高气温39.5℃，极端最低气温-13.2℃。全年最冷1月，平均气温5℃；最热7月，平均气温27.2℃。年平均降水量1929.9毫米，降水集中在4～6月，平均降水量为932.6毫米，占全年降水量的47%，年平均相对湿度83%，年平均无霜期270天，年平均雾日88天。东北至西南走向的武夷山脉与海岸线基本平行，夏秋季的极端气候——台风经常肆意破坏山南福建省境内的农田庄稼和建筑房屋，却被武夷山脉阻挡减缓台风向内陆的侵袭，形成武夷山暴雨区。马头山保护区是江西省最大降水区域之一，为生物生长提供了水热同步的优越条件，是监测与研究武夷山极端气候因子与生物多样性关系的理想之地。

1.2.4 水文特征

马头山保护区是鄱阳湖五大河流之一信江的最大支流白塔河的源头地区。由于受武夷山主脉西北向倾向和该地区北东构造断裂的共同影响，发源于保护区的郑家港、昌坪港、斗垣河3条河流几近平行地自东南向西北方向延伸，纳入资溪县最大河流泸溪河后又自西南向东北方向流出县境，与发源于贵溪市的上清河汇合后流经贵溪市龙虎山镇、余江县邓埠镇，最后在余江县锦江注入信江。此外，由于保护区内山高坡陡，各种外力极易导致山前坡积物、洪积扇的形成。因此，在广大的山麓可形成较厚的土壤层。同时，也在一定程度上形成孔隙水形式的地下水，这种类型的地下水具有较统一的水力联系，分布也比较均匀，对该区域的水文特征和水源涵养产生有益的作用。据资溪县水文地质调查资料，保护区内最大的泉水流量可达0.083升/秒，最小的为0.0014升/秒。

1.2.5 土壤特征

土壤是岩石及各类残积物在成土因素影响下地球化学和生物过程综合作用的产物，成土条件发生变化则土壤形成和发育过程各异。保护区内大面积分布的岩石为中酸性晶屑凝灰熔岩、凝灰熔岩、流纹岩、粗面岩等，这类岩体中的成岩裂隙、风化裂隙和构造裂隙赋存的丰富裂隙水对岩石风化和成土过程均产生有利的促进作用。随着海拔的升高，热量相应递减，保护区内土壤的脱硅富铝化和生物富集过程也规律性减缓，因此而形成的红壤—黄红壤—黄壤土壤类型的垂直分布带十分明显。同时，随着海拔增加，土壤的矿化作用受到不同程度抑制，土壤有机质含量水平增加明显。保护区内森林土壤，除小部分由于人为原因影响外，绝大部分为自然土壤，其中海拔小于400米为山地红壤，400~600米为山地黄红壤，600~1120米为山地黄壤（表1-1）。

表1-1 江西马头山站森林土壤类型

土类	亚类	海拔（米）	土属	土种
山地红壤	山地红壤	<400	结晶岩林地红壤	厚层多有机质中性结晶岩红壤
				厚层中有机质中性结晶岩红壤
				中层多有机质中性结晶岩红壤
				中层少有机质中性结晶岩红壤
	山地黄红壤	400~600	结晶岩林地黄红壤	厚层多有机质中性结晶岩黄红壤
				厚层少有机质中性结晶岩黄红壤
				中层中有机质中性结晶岩黄红壤
				薄层中有机质中性结晶岩黄红壤
山地黄壤	山地黄壤	600~1120	结晶岩林地黄壤	厚层中有机质中性结晶岩黄壤
				厚层少有机质中性结晶岩黄壤
				薄层少有机质中性结晶岩黄壤

注：数据引自《资溪县土壤》。

1.3 动植物资源

1.3.1 植被类型

马头山保护区森林植被以天然常绿阔叶林为主，森林覆盖率达97.43%，植物区系组成以壳斗科的常绿种属为建群种，其次为樟科、山茶科、金缕梅科、冬青科、杜鹃花科等属种群落。由于保护区处于典型的中亚热带地区，常绿阔叶树种多样性较高，涵盖了亚热带地区常见的树种。随着海拔高度不同，森林植被的垂直变化不明显，总体上以壳斗科甜槠（*Castanopsis eyrei*）、米槠（*C. carlesii*）等为主体的常绿阔叶林或常绿落叶阔叶混交林为主要类型，但局部地段由于人为或其他自然因素形成一些落叶阔叶林和针叶林等类型，具有较强的区域独特性。

1.3.2 植物资源

1.3.2.1 高等植物

马头山保护区生态环境优良，植物多样性丰富。截至 2022 年，保护区内有高等植物 265 科 1063 属 2934 种，其中苔藓类植物 73 科 167 属 364 种，石松类与蕨类植物 20 科 59 属 147 种，裸子植物 7 科 18 属 23 种，被子植物 165 科 819 属 2400 种。区内高等植物名录详见附表 1。

1.3.2.2 珍稀濒危植物

马头山保护区最大特色是以珍稀濒危植物为主要成分或建群种的天然群落多、面积大，如南方红豆杉（*Taxus chinensis*）、伯乐树（*Bretschneidera sinensis*）、长叶榧（*Torreya jackii*）等。其中，美毛含笑（*Michelia caloptila*）为马头山保护区特有物种，2004 年出版的《中国物种红色名录》将其定为"极危种"，是一种树形优美的观花观叶树种。而且，保护区内珍稀植物古树名木多且树龄长，部分区域甚至形成规模较大的群落景观。截至 2022 年，有国家重点保护植物 46 种；其中，国家一级保护野生植物有南方红豆杉 1 种；国家二级保护野生植物有长叶榧、伯乐树、莼菜（*Brasenia schreberi*）、报春苣苔（*Primulina tabacum*）、福建柏（*Fokienia hodginsii*）、闽楠（*Phoebe bournei*）、浙江楠（*Phoebe chekiangensis*）、翅荚木（*Zenia insignis*）、野大豆（*Glycine soja*）、花榈木（*Ormosia henryi*）、蛛网萼（*Platycrater arguta*）、榉树（*Zelkova serrata*）、毛红椿（*Toona ciliata*）、香果树（*Emmenopterys henryi*）、八角莲（*Dysosma versipellis*）、黄山木兰（*Magnolia cylindrica*）、短萼黄连（*Coptis chinensis*）、银鹊树（*Tapiscia sinensis*）等 45 种。区内重点保护植物见附表 2。

1.3.3 动物资源

马头山保护区由于较高的植被覆盖度及丰富的植物资源为野生动物提供了天然的栖息场所。截至 2022 年，依据科学考察结果和文献记载，保护区内已知陆生脊椎动物有 445 种，其中两栖类 30 种、爬行类 53 种、鸟类 298 种、兽类 64 种；国家重点保护野生动物 81 种，其中国家一级保护野生动物有穿山甲（*Manis pentadactyla aurita*）、豺（*Cuon alpinus*）、大灵猫（*Viverra zibetha ashtoni*）、小灵猫（*Viverricula indica pallida*）、金猫（*Profelis temmincki*）、云豹（*Neofelis nebuloas*）、豹（*Panthera pardus*）、黑麂（*Muntiacus crinifrons*）、黄腹角雉（*Tragopan caboti*）、白颈长尾雉（*Syrmaticus ellioti*）、黑鹳（*Dupetor flavicollis*）、黄胸鹀（*Emberiza aureola*）、鳖（*Pelodiscus sinensis*）等 14 种；国家二级保护野生动物有猕猴（*Macaca mulatta*）、黑熊（*Selenarctos thibertanus mupinensis*）、狼（*Canis lupus*）、赤狐（*Vulpes vulpes hooie*）、貉（*Nyctereutes procyonoides*）、黄喉貂（*Martes flavigula*）、水獭（*Lutra lutra chinensis*）、毛冠鹿（*Elaphadus cephalophus*）、水鹿（*Cervus unicolor dejeani*）、鬣羚（*Capricornis sumatraensis*）、斑羚（*Naemorhedus goral*）、白眉山鹧鸪（*Arborophila gingica*）、红腹锦鸡（*Chrysolophus pictus*）、金雕（*Aquila chrysaetos*）、大仙鹟（*Niltava grandis*）、海南闪鳞蛇（*Xenopeltis hainanensis*）、眼镜王蛇（*Ophiophagus hannah*）、大鲵（*Andrias davidianus*）等 67 种。此外，鱼类有 35 种，昆虫有 1000 多种。区内重点野生动物名录见附表 3 和附表 4。

1.4 观测平台建设

江西马头山站按照国家标准《森林生态系统长期定位观测研究站建设规范》（GB/T 40053—2021）、《森林生态系统长期定位观测指标体系》（GB/T 35377—2017）、《森林生态系统长期定位观测方法》（GB/T 33027—2016）以及《江西省自然保护区生物多样性监测实施方案（2021—2025 年）》的要求，充分利用和整合江西马头山保护区的资源，从数据观测、科研产品，到条件保障、人才培养，构建了比较完备的监测体系。基于 CFERN 标准化、规范化、网络化和信息化的监测理念，江西马头山站采取"一站多点"的空间布局模式。

1.4.1 森林生态系统水文要素观测场
1.4.1.1 小流域集水区综合观测场

依据《森林生态系统长期定位观测研究站建设规范》（GB/T 40053—2021）中森林生态系统配对集水区观测与嵌套式流域观测场的建设要求，选择典型的常绿阔叶林和针阔混交林植被类型、地形外貌和基岩完整闭合、分水线明显、出口宽度较狭窄的小流域集水区建设了 2 座测流堰（1 号测流堰和 2 号测流堰），1 号测流堰为矩形堰，2 号测流堰为三角矩形复合堰。其中，1 号测流堰小流域集水区几何形状似喇叭状，坡向为北偏东 10°，坡度 40°，水力坡度 40°，流域面积约 0.076 平方千米，代表植被为针阔混交林；2 号测流堰小流域集水区几何形状也似喇叭状，坡向为西偏北 5°，坡度 10°，水力坡度 25°，流域面积约 0.76 平方千米，代表植被为常绿阔叶林。依据《森林生态系统长期定位观测指标体系》（GB/T 35377—2017）中对森林水文要素观测的要求，在测流堰设置了超声波水位计、流速仪、水质传感器、数据采集器等设备，连续观测小流域集水区的平均流速、五分钟流量、日流量累计、电导率、水体硬度、酸碱度、溶解氧、溶氧饱和度、浊度、盐度等水文要素。

1.4.1.2 地表径流观测场

依据《森林生态系统长期定位观测研究站建设规范》（GB/T 40053—2021）中对地表径流量观测场的建设要求，在地形、坡向、土壤、土质、植被、地下水和土地利用情况具有代表性的常绿阔叶林和针阔混交林等林分中，选择林地枯枝落叶层保持完整的自然状态坡面，布设宽5米，与等高线平行，水平投影长20米，水平投影面积100平方米的地表径流观测场。地表径流观测场沿坡度从上至下分别设置相互平行的上侧拦水墙，相互平行的左侧拦水墙和右侧拦水墙，设置由混凝土预制板组成的围埂，围埂总深度50厘米，高出地面25厘米；下部出流断面设置由直径20厘米的聚氯乙烯PVC管做成的集水槽，采用不锈钢挡板过滤杂物，集水槽中间出水口无缝连接引水槽，引水槽将集水槽水导入接流池中，接流池最底端设置直径3厘米的出水口，连接自动雨量计和水位计，进行坡面径流观测。

1.4.2 森林生态系统土壤要素观测场

1.4.2.1 土壤理化性质观测场

依据《森林生态系统长期定位观测研究站建设规范》（GB/T 40053—2021）中森林生态系统土壤理化性质观测场建设要求，选择马头山站常绿阔叶林、针阔混交林、落叶阔叶林、暖性针叶林、竹林5种典型植被类型，布设20个土壤理化性质观测场；采用机械网格法，布设120个土壤理化性质观测点。依据《森林生态系统长期定位观测方法》（GB/T 33027—2016）的土壤样品采集方法，在20个观测场内选择土壤结构没有被破坏的地方，采用土壤剖面法进行样品采集，挖一个宽0.8米、深1.0米的长方形土壤剖面，顺坡挖掘，坡上面为观测面，土壤较薄地区挖到母质层，观察土壤剖面层次、厚度、颜色、质地等，随后按发生层分层采集土样；在120个土壤理化性质观测点内选取土壤结构未被破坏区域，使用土钻法，每个样方选择3个采样点，对土壤（0～30厘米）样本进行采集，混合后使用四分法筛选出一个样本，每个观测点布设4个样方。所有采集的土壤样品去除杂物后，每份样品保留1千克左右，同时用环刀取原状土，送实验室测定土壤物理和化学性质。长期、定位观测森林生态系统土壤发育状况及其理化性质的动态变化情况，分析森林生态系统土壤与植被和环境因子之间的相互影响过程，为深入研究森林生态系统生态学过程与森林土壤之间的相互作用和充分认识土壤在森林生态系统中的功能提供科学依据。

1.4.2.2 土壤有机碳储量观测场

依据《森林生态系统长期定位观测研究站建设规范》（GB/T 40053—2021）中森林生态系统土壤有机碳储量观测场建设要求，布设20个土壤有机碳储量观测场和120个土壤有机碳储量观测点，分别使用土壤剖面法和土钻法对土壤样品进行采集。采集的土壤样品24小时内带回实验室进行风干处理，测定土壤有机碳含量，建立土壤碳库清单，评估其历史亏缺或盈余，测算土壤碳固定潜力，进一步深入研究森林生态系统碳循环，为合理评价土壤质量和土壤健康、正确认识森林土壤固碳能力提供基础依据。

1.4.3 森林生态系统气象要素观测场

1.4.3.1 标准地面气象观测场

依据《森林生态系统长期定位观测研究站建设规范》（GB/T 40053—2021）中森林生态系统标准地面气象观测场建设要求，在观测区选择四周空旷平坦区域建立面积为 25 米 × 25 米气象场（图 1-1），四周设立明确的标志和 1.2 米高的稀疏围栏，围栏门开在北面，场地种有 15 厘米高的均匀草层，建设了电缆沟，用铸铁盖板铺设一条宽 50 厘米小路，安装避雷针，将观测场仪器设备放置在直击雷防护区内，观测场内各部件的布设和安装按照《森林生态系统长期定位观测方法》（GB/T 33027—2016）中对于常规气象观测要求执行，对风、光、湿、气压、降水等常规气象因子进行系统、连续观测，可以监测降水量、气温、湿度、气压、10 米风向、10 米风速、日蒸发量、日照时数、总辐射、光合有效辐射、紫外辐射 UVA、紫外辐射 UVB、土壤温度（10 厘米、20 厘米、30 厘米、40 厘米、80 厘米）、土壤含水率（10 厘米、20 厘米、30 厘米、40 厘米、80 厘米）等 22 个观测因子。了解典型区域气象因子变化规律，揭示影响森林植被生长发育的关键气象因子，为研究森林对气候变化的响应提供基础数据。

图 1-1　江西马头山站气象观测场

1.4.3.2 小气候梯度观测场

依据《森林生态系统长期定位观测研究站建设规范》(GB/T 40053—2021) 中森林生态系统小气候梯度观测场建设要求，在观测区的天然常绿阔叶林中，建立了1座小气候梯度观测塔，塔高36米。在塔身冠层上3米、冠层中部、距地面1.5米和被层处装配伸臂和支架，分层布设风向、风速、空气温湿度、气压和辐射传感器。长期、连续、定位观测森林生态系统典型区域不同梯度风、温、光、湿、气压、降水等气象因子，了解林内气候因子梯度分布特征，揭示小气候梯度形成过程中的特征及其变化规律，为研究下垫面的小气候效应及其对森林生态系统的影响提供数据支持。参照《森林生态系统长期定位观测研究站建设规范》(GB/T 40053—2021) 中森林生态系统小气候梯度观测场建设要求，布设小型5G气象站，配备风向、风速、空气温湿度、气压和辐射传感器，长期、连续、定位观测典型森林生态系统的风、温、光、湿、气压、降水等5层气象因子，了解林内气象因子在不同森林类型差异，揭示各种类型森林小气候形成过程中的特征及其变化规律，为研究森林小气候提供数据支持。

1.4.4 森林生态系统生物要素观测场

1.4.4.1 长期固定样地观测场

依据《森林生态系统长期定位观测研究站建设规范》(GB/T 40053—2021) 中森林生态系统长期固定样地观测场建设要求，选取马头山站典型观测森林生态系统类型（常绿阔叶林、针阔混交林、落叶阔叶林、暖性针叶林、竹林），建立20个40米×40米的常规固定监测样地，每个样地内设置3个5米×5米的灌木样方和5个2米×2米的草本样方；对每个样方内胸径大于1厘米木本植物（乔木、灌木、木质藤本）分别定位，胸径<5厘米的立木，用铜丝将标识牌拴在1.6米处，胸径>5厘米的立木，用不锈钢钉将标识牌钉在相同的位置。依据《森林生态系统长期定位观测方法》(GB/T 33027—2016) 规定的长期固定样地观测方法，首先对样地植物群落名称、郁闭度、地形地貌、水分状况等基本情况进行观测，然后对乔木层胸径>1.0厘米的各类树种的胸径、树高、冠幅、枝下高进行逐一测定，按样方观测郁闭度，计算树高、胸径；灌木层记录种名、株数、株高和盖度；草本层调查种类、数量、高度、多度和盖度。获取森林生态系统结构参数的样地观测数据，为森林生态系统水文、土壤、气候等观测提供背景资料。同时，揭示森林生态系统生物群落的动态变化规律，为深入研究森林生态系统的结构与功能、森林资源可持续利用的途径和方法提供数据服务。

1.4.4.2 物候观测场

依据《森林生态系统长期定位观测研究站建设规范》(GB/T 40053—2021) 中森林生态系统物候观测场建设要求，在建立的碳通量塔固定监测样地中，采用《森林生态系统长期定位观测方法》(GB/T 33027—2016) 规定的植物物候观测方法，使用高清摄像头、望远镜、高枝剪、数码相机等设备，对群落建群种进行物候观测，包括芽膨大开始期、芽开放期、展叶期、花蕾或花序出现期、开花期、果实或种子成熟期、果实或种子脱落期、叶变色期和落叶期。探索植物生长发育的节律及其与周围环境的相互关系，了解气候变化对植物生长周期的影响。根据长期观察资料进行物候历的编制，为森林生态系统的生产和经营提供科学依据。

1.4.4.3 凋落物观测场

依据《森林生态系统长期定位观测研究站建设规范》（GB/T 40053—2021）中森林生态系统凋落物观测场建设要求，在建立的20个常规固定监测样地中采用《森林生态系统长期定位观测方法》（GB/T 33027—2016）规定的凋落物观测方法。每个样地内布设5个不锈钢网凋落物收集器，不锈钢网孔径为1.0毫米，收集器大小为1米×1米×0.25米，每月收集1次，按照叶片、枝条、繁殖器官、树皮、杂物5种进行分类，带回实验室烘干后，测定每种组分单位面积的凋落物干重。基于上述观测，获取年凋落物量的准确数据，掌握凋落物变化规律，为研究森林土壤有机质的形成和养分释放速率、生物量和生产力测算奠定基础。

1.4.5 森林生态系统调控环境空气质量观测场

依据《森林生态系统长期定位观测研究站建设规范》（GB/T 40053—2021）中森林生态系统调控环境空气质量观测场建设要求，在固定观测样地中，配置了JXCT-30025监测仪和JXCT-30024负氧离子监测仪，长期、连续、定位观测森林大气中$PM_{2.5}$、负氧离子等指标，为揭示森林生态系统对大气净化机制提供基础数据，服务于区域森林生态系统功能评价。

1.4.6 生态站支撑条件

江西马头山国家级自然保护区管理局（简称保护区管理局）为马头山站建设单位，建立于2001年，2014年上划省管，为省财政全额拨款的正处级公益管理事业单位，直属于江西省林业局，有编制55人。内设办公室、资源保护科、科研管理科、社区事务科4个科室和昌坪、东源、双港口、郑家4个保护管理站。现有职工45人，其中副高职称3人、工程师6人、助理工程师6人、硕士研究生6人。通过实施2014年和2020年国家级保护区两期基础设施建设项目以及9年中央财政补助国家级自然保护区项目以来，保护区管理局的基础设施、科研设施设备（图1-2至图1-7）等初具规模，综合实力明显加强，各项基础设施建设完善，保护科研设备齐备，宣教能力增强。建立了标本制作室、生态展览室、研学室、自然科普教育基地等，获得国家、江西省相关部门的授牌和表彰。

图 1-2　江西马头山站综合楼

图 1-3　江西马头山站昌坪管理站

图 1-4　江西马头山站双港口管理站

图 1-5　江西马头山站东源管理站

图 1-6　江西马头山站基础实验室和样品储备室

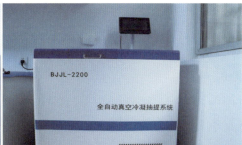

图 1-7　江西马头山站部分实验设备

1.5 观测设施和仪器设备

根据《森林生态系统长期定位观测方法》(GB/T 33027—2016)，配备完整、规范的森林生态系统水文、土壤、气象、生物和其他要素的观测仪器设备，能够满足《森林生态系统长期定位观测指标体系》(GB/T 35377—2017)中规定的观测要求。江西马头山站内现建有气象监测站1座、水文（测流堰）监测站2座、负氧离子监测站1座、坡面径流场1块、固定样地20块、凋落物收集器143个、树干茎流5套、综合观测塔1座、梯度气象1套、涡度相关1套等监测设备，部分设备已进行了5年以上监测，设备运行状况良好，而且已与互联网终端连通，实现数据实时共享，可进行手机终端查询。目前，仪器设备运行良好，使用率达100%，并实施使用登记制度和分专业专人管理维护制度。现有观测设施和仪器设备见表1-2。

表1-2　江西马头山站观测设施和仪器设备

序号	项目	单位	面积/数量
1	综合观测楼	平方米	1200
2	综合观测塔	座	1
3	坡面径流场	座	1
4	地面标准气象观测场	座	1
5	测流堰	座	2
6	涡度相关测量系统	套	1
7	CO_2廓线系统	套	1
8	自动气象站	套	1
9	水位、流速和流量监测系统	套	2
10	树干液流测量系统	套	2
11	植物土壤水分真空抽提设备	套	1
12	其他调查及实验设备	批	1

1.6 观测场编码

为了方便数据管理使用，江西马头山站基于各观测场的观测内容，对观测场进行了统一的编码，编码情况见表1-3。

表1-3　江西马头山站主要观测场编码情况一览表

序号	观测场名称	观测场编码	纬度（北纬）	经度（东经）	观测指标
1	毛竹林综合观测场01	MTSZHGCC01	27°47′53.86″	117°13′53.21″	土壤物理性质、土壤化学性质、土壤碳密度、森林群落主要成分、群落生物量、植被碳储量、土壤微生物

(续)

序号	观测场名称	观测场编码	纬度（北纬）	经度（东经）	观测指标
2	青冈林综合观测场01	MTSZHGCC02	27°48′6.65″	117°13′47.02″	土壤物理性质、土壤化学性质、土壤碳密度、森林群落主要成分、群落生物量、植被碳储量、土壤微生物
3	甜槠林综合观测场01	MTSZHGCC03	27°48′8.32″	117°13′46.81″	土壤物理性质、土壤化学性质、土壤碳密度、森林群落主要成分、群落生物量、植被碳储量、土壤微生物
4	枫香人工林综合观测场01	MTSZHGCC04	27°48′34.46″	117°12′31.21″	土壤物理性质、土壤化学性质、土壤碳密度、森林群落主要成分、群落生物量、植被碳储量、土壤微生物
5	混交林综合观测场01	MTSZHGCC05	27°48′21.70″	117°12′26.85″	土壤物理性质、土壤化学性质、土壤碳密度、森林群落主要成分、群落生物量、植被碳储量、土壤微生物、物候
6	混交林综合观测场02	MTSZHGCC06	27°48′40.62″	117°12′15.65″	土壤物理性质、土壤化学性质、土壤碳密度、森林群落主要成分、群落生物量、植被碳储量、凋落物量、土壤微生物、树干液流、树木径向生长等
7	木荷人工林综合观测场	MTSZHGCC07	27°49′6.50″	117°12′17.89″	土壤物理性质、土壤化学性质、土壤碳密度、森林群落主要成分、群落生物量、植被碳储量、土壤微生物
8	青冈林综合观测场02	MTSZHGCC08	27°49′8.73″	117°12′21.02″	土壤物理性质、土壤化学性质、土壤碳密度、森林群落主要成分、群落生物量、植被碳储量、土壤微生物
9	混交林综合观测场03	MTSZHGCC09	27°45′17.54″	117°10′57.34″	土壤物理性质、土壤化学性质、土壤碳密度、森林群落主要成分、群落生物量、植被碳储量、土壤微生物
10	毛竹林综合观测场02	MTSZHGCC10	27°45′8.27″	117°11′16.58″	土壤物理性质、土壤化学性质、土壤碳密度、森林群落主要成分、群落生物量、植被碳储量、土壤微生物
11	黑叶锥林综合观测场	MTSZHGCC11	27°45′41.34″	117°13′59.92″	土壤物理性质、土壤化学性质、土壤碳密度、森林群落主要成分、群落生物量、植被碳储量、土壤微生物

(续)

序号	观测场名称	观测场编码	纬度（北纬）	经度（东经）	观测指标
12	栲树林综合观测场	MTSZHGCC12	27°45′47.45″	117°14′8.92″	土壤物理性质、土壤化学性质、土壤碳密度、森林群落主要成分、群落生物量、植被碳储量、土壤微生物
13	甜槠林综合观测场02	MTSZHGCC13	27°48′37.22″	117°12′42.44″	土壤物理性质、土壤化学性质、土壤碳密度、森林群落主要成分、群落生物量、植被碳储量、土壤微生物
14	混交林综合观测场04	MTSZHGCC14	27°49′45.73″	117°11′40.91″	土壤物理性质、土壤化学性质、土壤碳密度、森林群落主要成分、群落生物量、植被碳储量、土壤微生物
15	杉木人工林综合观测场01	MTSZHGCC15	27°50′22.58″	117°12′10.70″	土壤物理性质、土壤化学性质、土壤碳密度、森林群落主要成分、群落生物量、植被碳储量、土壤微生物
16	杉木人工林综合观测场02	MTSZHGCC16	27°50′20.92″	117°12′15.02″	土壤物理性质、土壤化学性质、土壤碳密度、森林群落主要成分、群落生物量、植被碳储量、土壤微生物
17	枫香人工林综合观测场02	MTSZHGCC17	27°51′31.44″	117°12′4.02″	土壤物理性质、土壤化学性质、土壤碳密度、森林群落主要成分、群落生物量、植被碳储量、土壤微生物
18	枫香人工林综合观测场03	MTSZHGCC18	27°50′60.69″	117°11′27.34″	土壤物理性质、土壤化学性质、土壤碳密度、森林群落主要成分、群落生物量、植被碳储量、土壤微生物
19	毛竹林综合观测场03	MTSZHGCC19	27°45′46.14″	117°14′7.10″	土壤物理性质、土壤化学性质、土壤碳密度、森林群落主要成分、群落生物量、植被碳储量、土壤微生物
20	马尾松人工林综合观测场	MTSZHGCC20	27°44′43.50″	117°11′10.97″	土壤物理性质、土壤化学性质、土壤碳密度、森林群落主要成分、群落生物量、植被碳储量、土壤微生物
21	小流域集水区综合观测场1	MTSXLYGCC01	27°48′37.84″	117°12′12.18″	电导率、水体硬度、酸碱度、平均流速、瞬时流速、流量、盐度

(续)

序号	观测场名称	观测场编码	纬度（北纬）	经度（东经）	观测指标
22	小流域集水区综合观测场2	MTSXLYGCC02	27°49′7.56″	117°12′15.81″	电导率、水体硬度、酸碱度、平均流速、瞬时流速、流量、溶解氧、溶氧饱和度、浊度、盐度
23	标准地面气象观测场	MTSBZQXGCC	27°48′19.02″	117°12′33.66″	降水量、气温、湿度、气压、风向、风速、总辐射、光合有效、土壤温湿度、日照时数、水面蒸发量、紫外辐射等
24	小气候梯度观测场	MTSTDQXGCC	27°48′21.86″	117°12′27.54″	气压、风速、风向、空气温湿度、辐射等5层
25	碳通量综合观测场	MTSTTLGCC	27°48′21.86″	117°12′27.54″	显热通量、潜热通量、碳通量（如CO_2、CH_4等）、冠层降水、冠层净辐射、土壤热通量、土壤盐分、土壤温度、土壤水分等
26	物候观测场	MTSWHGCC	27°48′21.86″	117°12′27.54″	气候变化、植物物候变化
27	坡面径流观测场	MTSPMJLGCC	27°48′40.62″	117°12′15.65″	坡面径流、径流日累计、水位、容积、自动溢水量
28	森林生态系统调控环境空气质量观测场	MTSKQZLGCC	27°48′37.84″	117°12′12.18″	$PM_{2.5}$、负氧离子、CO、SO_2、NO_2、O_3、温度、湿度、大气压、风速、风向、噪声等

第二章
江西马头山站森林水文要素数据集

江西马头山站依托小流域集水区综合观测场（MTSXLYGCC01 和 MTSXLYGCC02）、标准地面气象观测场（MTSBZQXGCC）和坡面径流观测场（MTSPMJLGCC），对《森林生态系统长期定位观测指标体系》（GB/T 35377—2017）中规定的森林水文要素观测指标进行观测，汇总整理后形成森林水文要素数据集。具体观测指标和频度见表 2-1。

表 2-1　江西马头山站水文要素观测指标

指标类型	观测指标	单位	观测频度
水量	降水量	毫米	连续观测
	坡面径流量	毫米	
	水温	摄氏度	
	水位（径流深）	厘米	
	平均流速	厘米/秒	
	瞬时流量	立方米/小时	
水质	pH值		
	浊度	FTU	
	盐度	%	
	水体硬度	毫升/升	
	水体导电率	微西门/厘米	
	溶解氧	毫克/升	
	溶氧饱和度	%	

2.1 水量空间分配格局观测数据集

2.1.1 概述

本数据集为江西马头山站 2017—2022 年水量空间分配格局（降水量、相对湿度、蒸发量和坡面径流量）数据集。其中，坡面径流量数据为杉木坡面径流观测场（MTSPMJLGCC）径流数据。所有观测频率为每 5 分钟记录一组数据，根据数据的变化量筛选数据集，数据集列出有坡面径流产生的降水事件的水量空间分配格局数据。

2.1.2 数据采集和处理方法

参照《森林生态系统长期定位观测方法》（GB/T 33027—2016），采用自动记录雨量计（每 5 分钟保留一次数据，总结为每日数据和每月数据）测定降水量，统计每次降水量和降水强度；相对湿度和月蒸发量使用温度湿度记录仪和标准水面蒸发观测仪进行数据采集，同样为自动记录；坡面径流量数据通过 5 米 × 20 米坡面径流小区连接自记翻斗流量计采集，观测频率为每次降水时观测。采集流量数据参照《森林生态系统长期定位观测方法》（GB/T 33027—2016）中 4.2.4 部分的方法进行处理分析，形成坡面径流深度数据产品。计算公式如下：

$$R = Q \times T_t \times 10^3 / F \tag{2-1}$$

式中：R——地表（坡面）径流深度（毫米）；

Q——时段内的平均流量（立方米/秒）；

T_t——时段长（秒）；

F——径流小区面积（平方米）。

2.1.3 数据质量控制和评估

定期采集降水量、相对湿度、月蒸发量和坡面径流数据，应经常校核仪器，及时消除误差，同时由观测记录绘制地表径流动态变化及主要影响因素项目的综合曲线，随时进行对照分析。

2.1.4 数据

标准地面气象观测场（MTSBZQXGCC）、坡面径流观测场（MTSPMJLGCC）和水量空间分配格局见表 2-2。

表 2-2　小流域集水区综合观测场水量空间分配格局

年份	月份	降水总量（毫米）	相对湿度均值（%）	月蒸发量（毫米）	坡面径流量（毫米）杉木林
2017	5	129.6	85.3	—	—
	6	616.8	95.6	—	—
	7	86.8	86.9	—	—
	8	210.2	88.8	—	—
	9	11.6	86.2	—	—
	10	10.8	86.9	—	—
	11	167.4	91.6	—	—
	12	25.4	91.6	—	—
2018	1	99.4	90.8	—	—
	2	82.2	85.0	—	—
	3	115.6	87.7	—	—
	4	123.4	85.9	—	—
	5	279.8	87.4	—	—
	6	87.6	88.4	—	—
	7	301.2	86.6	—	—
	8	195.6	89.2	—	—
	9	168.4	88.0	—	—
	10	98	87.8	—	—
	11	135.4	93.5	—	—
	12	124	96.1	—	—
2019	1	155	94.4	—	—
	2	213.8	96.6	—	—
	3	192.4	91.5	—	—
	4	210.6	91.6	—	—
	5	310	90.2	—	—
	6	517.8	90.8	—	—
	7	710.4	91.9	—	—
	8	92.2	84.4	—	—
	9	25.6	77.9	—	—
	10	61.8	81.8	—	—
	11	7	83.0	—	—
	12	53.2	89.5	—	—
2020	1	134	95.9	—	—

（续）

年份	月份	降水总量（毫米）	相对湿度均值（%）	月蒸发量（毫米）	坡面径流量（毫米） 杉木林
2020	2	13.2	96.2	—	—
	3	269.2	96.2	—	—
	4	111.6	83.4	—	—
	5	411.8	89.1	—	—
	6	323	93.9	—	—
	7	387.6	88.7	—	—
	8	124.8	85.5	—	—
	9	188.6	93.5	—	—
	10	15	88.3	—	—
	11	30.6	85.3	—	—
	12	40.6	88.9	—	—
2021	1	30.6	80.6	—	—
	2	99.8	85.8	—	—
	3	186.6	89.5	—	—
	4	146.2	88.6	—	—
	5	340	87.1	—	—
	6	153	85.3	—	—
	7	103.6	83.1	—	—
	8	65.2	85.6	—	—
	9	137.9	80.5	—	—
	10	64.4	83.0	—	20.0
	11	100.6	83.8	—	31.1
	12	26.8	82.1	—	8.3
2022	1	102.6	89.1	66	31.8
	2	174	90.8	24	53.9
	3	286	81.6	66	88.6
	4	314.2	80.8	51	97.3
	5	368.8	87.9	51	114.3
	6	448.7	89.0	81	139.1
	7	9.4	78.1	152	2.9
	8	37.8	75.4	144	11.7
	9	0.02	68.6	141	0.01
	10	2.6	63.9	210	0.8
	11	198.6	87.8	108	61.8
	12	26.8	82.1	60	8.3

（续）

2.2 水文观测数据

2.2.1 概述

本数据集为江西马头山站小流域集水区综合观测场（MTSXLYGCC01 和 MTSXLYGCC02）2017—2022 年水文逐月观测数据集。

2.2.2 数据采集和处理方法

水位（径流深）数据采集参照《森林生态系统长期定位观测指标体系》（GB/T 35377—2017），利用 Flow star-600 在线多普勒流速流量仪对水温、水位、平均流速和瞬时流量进行测量。将 Flow star 声学多普勒流速仪放入测堰流中，该流速仪将按现场情况，任意设置向上、向下发射或向左、向右发射角度，从而准确测量出从水底到水面不同深层，从左到右不同距离上百个流速点数据。设置数据采集间隔为每 5 分钟一次，连续监测样地水深变化，计算水位、水温、平均流速、瞬时流量的日数据，将月平均数据作为本数据产品的结果数据。

2.2.3 数据质量控制和评估

认真地检查、校对水文观测记录，由观测记录绘制水文动态变化及主要影响因素项目的综合曲线，随时进行对照分析。

2.2.4 数据

小流域集水区综合观测场（MTSXLYGCC01 和 MTSXLYGCC02）水文数据见表 2-3。

表 2-3　小流域集水区综合观测场水文数据

观测场	年份	月份	水温（℃）	水位（厘米）	平均流速（厘米/秒）	瞬时流量（立方米/小时）	月流量（立方米）
MTSXLYGCC01	2017	5	17.1	56.3	16.9	58.5	43524.0
		6	17.7	57.7	14.8	64.0	46080.0
		7	21.0	55.5	14.2	61.7	45904.8
		8	21.4	55.6	14.3	61.8	45979.2
		9	21.2	55.8	14.3	62.0	44640.0
		10	17.7	54.7	14.0	60.8	45235.2
		11	14.0	55.2	14.1	61.3	44136.0
		12	8.6	54.7	14.0	60.8	45235.2
MTSXLYGCC01	2018	1	9.2	55.3	8.0	29.0	21576.0

第二章　江西马头山站森林水文要素数据集

（续）

观测场	年份	月份	水温（℃）	水位（厘米）	平均流速（厘米/秒）	瞬时流量（立方米/小时）	月流量（立方米）
MTSXLYGCC01	2018	2	9.4	55.3	8.0	29.0	19488.0
		3	13.1	56.3	10.0	42.8	31843.2
		4	14.6	57.0	12.0	54.4	39168.0
		5	17.1	56.8	11.0	53.9	40101.6
		6	18.2	57.2	12.0	66.1	47592.0
		7	20.0	56.5	10.0	50.1	37274.4
		8	20.5	55.6	8.0	32.7	24328.8
		9	19.6	56.3	10.0	44.1	31752.0
		10	16.2	55.6	8.0	33.0	24552.0
		11	14.7	56.1	10.0	41.9	30168.0
		12	12.6	56.1	10.0	39.5	29388.0
MTSXLYGCC01	2019	1	10.5	56.6	12.2	52.4	38985.6
		2	10.3	56.9	12.8	55.0	36960.0
		3	10.7	56.8	12.8	54.9	40845.6
		4	12.3	56.9	13.0	55.8	40176.0
		5	13.7	57.3	15.2	65.1	48434.4
		6	15.0	57.0	14.5	62.0	44640.0
		7	16.9	57.1	16.4	70.1	52154.4
		8	17.9	55.8	7.9	34.4	25593.6
		9	16.6	55.9	7.9	34.8	25056.0
		10	11.9	55.8	7.6	33.2	24700.8
		11	—	—	—	—	—
		12	4.5	54.7	4.3	19.6	14582.4
MTSXLYGCC01	2020	1	4.8	55.1	6.1	26.9	20013.6
		2	5.7	55.5	7.4	32.5	21840.0
		3	7.5	57.3	16.2	69.1	51410.4
		4	7.1	56.1	9.4	40.8	29376.0
		5	9.3	57.6	19.6	83.3	61975.2
		6	10.6	57.0	14.8	63.5	45720.0
		7	11.5	57.2	19.1	81.3	60487.2
		8	12.2	56.1	8.8	38.2	28420.8
		9	9.5	56.6	10.4	45.0	32400.0
		10	5.8	55.2	6.0	26.7	19864.8
		11	2.3	55.0	5.3	23.6	16992.0
		12	0.0	54.8	4.9	22.2	16516.8

（续）

（续）

观测场	年份	月份	水温（℃）	水位（厘米）	平均流速（厘米/秒）	瞬时流量（立方米/小时）	月流量（立方米）
MTSXLYGCC01	2021	1	0.0	54.8	4.5	20.6	15326.4
		2	0.3	55.9	7.8	34.3	23049.6
		3	1.8	56.7	12.0	51.6	38390.4
		4	2.8	56.4	10.6	45.7	32904.0
		5	4.0	58.6	26.1	110.5	82212.0
		6	19.5	—	—	—	—
		7	20.3	—	23.8	100.8	74995.2
		8	21.4	—	12.7	54.8	40771.2
		9	21.2	—	0.4	3.2	2304.0
		10	17.9	—	—	—	—
		11	12.9	—	0.02	1.7	1224.0
		12	8.7	—	—	—	—
MTSXLYGCC02	2021	6	22.2	—	19.8	84.1	60552.0
		7	23.2	—	20.1	85.6	63686.4
		8	23.9	—	20.1	85.3	63463.2
		9	23.2	—	20.0	85.0	61200.0
		10	19.5	—	20.1	85.7	63760.8
		11	16.2	—	20.3	86.5	62280.0
		12	10.5	—	3.0	14.1	10475.5
MTSXLYGCC01	2022	1	—	—	0.2	2.6	1934.4
		2	0.0	—	2.1	10.6	7123.2
		3	0.3	—	5.5	24.7	18376.8
		4	1.8	—	5.1	22.9	16488.0
		5	2.8	—	10.6	45.8	34075.2
		6	4.0	—	3.3	15.2	10944.0
		7	19.5	—	0.3	2.8	2083.2
		8	20.3	—	—	—	—
		9	21.4	—	—	—	—
		10	21.2	—	—	—	—
		11	17.9	—	0.6	4.2	3024.0
		12	12.9	—	0.8	4.8	3571.2
MTSXLYGCC02	2022	1	19.5	—	6.4	28.2	20980.8
		2	20.3	—	29.9	126.2	84806.4
		3	21.4	—	18.2	77.4	57585.6

（续）

（续）

观测场	年份	月份	水温（℃）	水位（厘米）	平均流速（厘米/秒）	瞬时流量（立方米/小时）	月流量（立方米）
MTSXLYGCC02	2022	4	21.2	—	66.7	280.1	201672.0
		5	17.9	—	18.4	78.5	58404.0
		6	12.9	—	16.6	70.7	50904.0
		7	—	—	18.4	78.4	58329.6
		8	8.7	—	—	—	—
		9	19.5	—	—	—	—
		10	20.3	—	0.02	0.6	446.4
		11	21.4	—	4.8	21.5	15480.0
		12	21.2	—	6.3	28.0	20832.0

2.3 水质数据集

2.3.1 概述

本数据集为江西马头山站小流域集水区综合观测场（MTSXLYGCC01 和 MTSXLYGCC02）2017—2021 年水质（pH 值、水体硬度、水体导电率、溶解氧、浊度等）逐月观测数据。由于样地所在区域出现了极端干旱月份且 2021 年 6 月设备更新换代一次，仪器调试过程中缺失部分数据，导致一些月份没有水质数据，用"—"表示。

2.3.2 数据采集和处理方法

水质数据采集参照《森林生态系统长期定位观测指标体系》（GB/T 35377—2017）要求，修建测流堰用以观测 pH 值、水体硬度、导电率、溶解氧、浊度、盐度等参数。采集数据后储存在外设存盘中，按照气象观测时间划分（20:00 至翌日 20:00），每天 20:00 进行人工收集，拷贝数据，带回实验室，观测频率为每 5 分钟一次。分析频率为每日一次。

2.3.3 数据质量控制和评估

对分析仪器进行定期校准，上机时设置空白样检查，对测定数据进行检查整理，通过分析数据序列特征及其最大值和最小值，判断数据的合理性，对异常数据进行剔除，必要时对备用样品进行再次测定。

2.3.4 数据

小流域集水区综合观测场（MTSXLYGCC01 和 MTSXLYGCC02）水质数据集见表 2-4。

表2-4 小流域集水区综合观测场水质数据

观测场	年份	月份	水体酸碱度（pH值）	水体硬度（毫克/升）	水体导电率（微西门/厘米）	溶解氧（毫克/升）	溶氧饱和度（毫克/升）	浊度（FTU）	盐度（%）
MTSXLYGCC01	2017	5	6.7	11.1	20.8	—	—	—	—
		6	6.6	10.4	20.8	—	—	—	—
		7	6.8	7.1	14.2	—	—	—	—
		8	6.9	7.8	15.7	—	—	—	—
		9	6.9	10.2	20.4	—	—	—	—
		10	6.8	10.6	21.1	—	—	—	—
		11	6.9	11.4	22.7	—	—	—	—
		12	6.7	10.9	21.8	—	—	—	—
MTSXLYGCC01	2018	1	6.7	9.9	19.8	—	—	—	—
		2	6.7	9.6	19.2	—	—	—	—
		3	6.8	8.3	16.7	—	—	—	—
		4	6.8	8.0	16.0	—	—	—	—
		5	6.8	7.7	15.4	—	—	—	—
		6	6.9	7.2	14.4	—	—	—	—
		7	6.9	7.0	14.1	—	—	—	—
		8	6.8	7.8	15.6	—	—	—	—
		9	6.8	7.7	15.4	—	—	—	—
		10	6.8	8.0	16.1	—	—	—	—
		11	6.8	8.0	15.9	—	—	—	—
		12	6.8	7.7	15.4	—	—	—	—
MTSXLYGCC01	2019	1	6.8	6.9	13.8	—	—	—	—
		2	6.8	6.9	13.8	—	—	—	—
		3	6.8	6.4	12.8	—	—	—	—
		4	6.8	7.3	14.6	—	—	—	—
		5	6.8	7.1	14.2	—	—	—	—
		6	6.9	6.6	13.3	—	—	—	—
		7	6.9	6.7	13.4	—	—	—	—
		8	6.8	7.8	15.5	—	—	—	—
		9	6.7	8.3	16.7	—	—	—	—
		10	6.6	11.6	23.1	—	—	—	—
		11	—	—	—	—	—	—	—
		12	6.7	12.7	25.5	—	—	—	—

（续）

观测场	年份	月份	水体酸碱度（pH值）	水体硬度（毫克/升）	水体导电率（微西门/厘米）	溶解氧（毫克/升）	溶氧饱和度（毫克/升）	浊度（FTU）	盐度（%）
MTSXLYGCC01	2020	1	6.7	11.2	22.5	—	—	—	—
		2	6.7	9.9	19.8	—	—	—	—
		3	6.8	8.2	16.5	—	—	—	—
		4	7.0	8.1	16.2	—	—	—	—
		5	6.9	7.3	14.6	—	—	—	—
		6	7.0	6.8	13.6	—	—	—	—
		7	7.0	6.8	13.5	—	—	—	—
		8	6.9	7.8	15.5	—	—	—	—
		9	7.0	7.9	15.9	—	—	—	—
		10	6.9	8.2	16.3	—	—	—	—
		11	6.9	9.0	17.9	—	—	—	—
		12	7.0	9.6	19.2	—	—	—	—
MTSXLYGCC01	2021	1	7.1	10.0	19.9	—	—	—	—
		2	7.0	9.8	19.6	—	—	—	—
		3	7.1	8.0	16.0	—	—	—	—
		4	7.1	8.2	16.5	—	—	—	—
		5	7.2	7.1	14.2	—	—	—	—
		6	7.0	4.6	9.0	—	—	—	—
		7	7.0	6.8	13.3	—	—	—	—
		8	7.0	7.7	15.1	—	—	—	—
		9	7.0	8.5	16.5	—	—	—	—
		10	7.0	9.2	17.9	—	—	—	—
		11	7.0	9.6	18.7	—	—	—	—
		12	7.0	9.9	19.4	—	—	—	—
MTSXLYGCC02	2021	6	6.7	4.8	9.0	—	—	—	—
		7	6.9	6.3	13.8	98.6	3.3	23.4	0.0
		8	6.8	7.5	15.2	65.1	2.9	13.3	0.0
		9	7.0	8.6	16.9	55.6	2.2	9.1	0.0
		10	6.8	9.8	17.2	54.0	5.2	9.8	0.0
		11	7.1	9.2	18.2	55.6	12.4	13.6	0.0
		12	7.2	9.4	19.8	9.1	81.1	1.1	0.0
MTSXLYGCC01	2022	1	7.0	9.2	20.1	—	—	—	—
		2	6.7	8.9	16.1	—	—	—	—
		3	6.4	8.1	18.9	—	—	—	—

（续）

（续）

观测场	年份	月份	水体酸碱度（pH值）	水体硬度（毫克/升）	水体导电率（微西门/厘米）	溶解氧（毫克/升）	溶氧饱和度（毫克/升）	浊度（FTU）	盐度（%）
MTSXLYGCC01	2022	4	6.3	7.3	15.3	—	—	—	—
		5	6.7	9.9	18.7	—	—	—	—
		6	6.7	9.2	19.1	—	—	—	—
		7	6.9	10.7	21.9	—	—	—	—
		8	—	—	—	—	—	—	—
		9	7.2	18.9	38.6	—	—	—	—
		10	7.0	9.9	20.3	—	—	—	—
		11	6.7	8.1	16.6	—	—	—	—
		12	6.4	8.9	18.2	—	—	—	—
MTSXLYGCC02	2022	1	7.0	9.9	20.3	9.3	80.9	10.3	0.0
		2	6.7	8.1	16.6	9.9	84.0	23.5	0.0
		3	6.4	8.9	18.2	8.4	79.5	17.3	0.0
		4	6.3	7.8	15.8	9.1	83.9	6.5	0.0
		5	6.7	9.0	18.0	7.3	74.3	3.4	0.0
		6	6.7	9.7	19.6	6.1	69.2	4.7	0.0
		7	6.9	10.2	21.0	5.2	61.3	16.5	0.0
		8	—	—	—	—	—	—	—
		9	6.6	18.9	38.6	4.1	46.8	2.5	0.0
		10	8.0	13.5	27.4	4.8	50.1	3.6	0.0
		11	6.6	9.5	19.6	5.1	52.4	7.0	0.0
		12	6.3	8.8	18.1	6.3	57.3	3.2	0.0

第三章
江西马头山站森林土壤要素数据集

江西马头山站在常绿阔叶林、针阔混交林、落叶阔叶林、暖性针叶林、竹林等典型植被类型建设了 20 个森林固定样地综合观测场(MTSZHGCC01 至 MTSZHGCC20)，见表 3-1。依托 20 个固定样地综合观测场，对《森林生态系统长期定位观测指标体系》(GB/T 35377—2017)规定的森林土壤要素观测指标进行观测，汇总整理后形成森林土壤要素数据集。观测指标、单位和频度见表 3-2。

表 3-1 江西马头山站森林固定样地综合观测场分布基本情况

年份	观测场	植被类型	群系	地点	经纬度	海拔（米）	样地规格（米×米）
2020	MTSZHGCC01	竹林	毛竹林	龙井	北纬27°47′53.86″ 东经117°13′53.21″	343	40×40
	MTSZHGCC02	常绿阔叶林	青冈林	龙井	北纬27°48′6.65″ 东经117°13′47.02″	325	40×40
	MTSZHGCC03	常绿阔叶林	甜槠林	油榨窠	北纬27°48′8.32″ 东经117°13′46.81″	345	40×40
	MTSZHGCC04	落叶阔叶林	枫香林	油榨窠	北纬27°48′34.46″ 东经117°12′31.21″	273	40×40
	MTSZHGCC05	常绿阔叶林	混交林	气象站对面	北纬27°48′21.70″ 东经117°12′26.85″	275	40×40
	MTSZHGCC06	常绿阔叶林	混交林	昌坪保护站	北纬27°48′40.62″ 东经117°12′15.65″	297	40×40
	MTSZHGCC07	常绿阔叶林	木荷林	昌坪水文站	北纬27°49′6.50″ 东经117°12′17.89″	279	40×40
	MTSZHGCC08	常绿阔叶林	青冈林	昌坪水文站	北纬27°49′8.73″ 东经117°12′21.02″	287	40×40
	MTSZHGCC09	常绿阔叶林	混交林	东港	北纬27°45′17.54″ 东经117°10′57.34″	453	40×40

（续）

年份	观测场	植被类型	群系	地点	经纬度	海拔（米）	样地规格（米×米）
2020	MTSZHGCC10	竹林	毛竹林	东港	北纬27°45′8.27″ 东经117°11′16.58″	429	40×40
2021	MTSZHGCC11	常绿阔叶林	黑叶锥林	白沙坑	北纬27°45′41.34″ 东经117°13′59.92″	454	40×40
	MTSZHGCC12	常绿阔叶林	栲树林	白沙坑	北纬27°45′47.45″ 东经117°14′8.92″	469	40×40
	MTSZHGCC13	常绿阔叶林	甜槠林	闽赣古道	北纬27°48′37.22″ 东经117°12′42.44″	356	40×40
	MTSZHGCC14	常绿阔叶林	混交林	水坝下游	北纬27°49′45.73″ 东经117°11′40.91″	330	40×40
	MTSZHGCC15	暖性针叶林	杉木林	塘边	北纬27°50′22.58″ 东经117°12′10.70″	452	40×40
	MTSZHGCC16	暖性针叶林	杉木林	塘边	北纬27°50′20.92″ 东经117°12′15.02″	501	40×40
	MTSZHGCC17	落叶阔叶林	枫香林	塘边	北纬27°51′31.44″ 东经117°12′4.02″	470	40×40
	MTSZHGCC18	落叶阔叶林	枫香林	马头山村	北纬27°50′60.69″ 东经117°11′27.34″	488	40×40
	MTSZHGCC19	竹林	毛竹林	白沙坑	北纬27°45′46.14″ 东经117°14′7.10″	452	40×40
	MTSZHGCC20	暖性针叶林	马尾松林	双港口	北纬27°44′43.50″ 东经117°11′10.97″	801	40×40

表3-2　江西马头山站森林土壤要素观测指标

指标类别	观测指标	单位	观测频度
土壤物理性质	土壤类型	定性描述	每5年一次
	土壤质地		
	土壤饱和含水量	毫米	
	土壤田间持水量		
	土壤孔隙度	%	
	容重	克/立方厘米	
	颗粒组成	%	
土壤化学性质	pH值	%，毫克/千克	
	全氮、铵态氮、硝态氮		
	全磷、有效磷		
	全钾、速效钾		
	土壤有机碳		
土壤碳密度	土壤有机碳密度	千克/平方米	

3.1 土壤物理性质数据集

3.1.1 概述

本数据集为江西马头山站常绿阔叶林、针阔混交林、落叶阔叶林、暖性针叶林、竹林等20个森林固定样地综合观测场(MTSZHGCC01 至 MTSZHGCC20)2020年和2021年 0~10 厘米和 10~30 厘米土壤物理性质（土壤类型、土壤质地、土壤饱和含水量、土壤田间持水量、土壤孔隙度、容重、颗粒组成）观测数据。

3.1.2 数据采集方法和处理方法

土壤物理性质数据采集参照《森林生态系统长期定位观测方法》(GB/T 33027—2016)中 5.1.3 部分的方法，每个样地的（上坡、中坡、下坡）至少挖3个土壤剖面，先观察土壤剖面类型和质地，然后使用环刀法，自上而下在不同深度取原状土，至少测定3个重复，取平均值作为该分量的最终数据。使用环刀法测定土壤饱和持水量、田间持水量、孔隙度和容重，利用激光粒度仪法测定土壤颗粒组成。土壤容重（G，克/立方厘米）计算公式如下：

$$G = M_1 / V \tag{3-1}$$

式中：M_1——环刀内烘干土重（克）；

V——环刀体积（立方厘米）。

土壤饱和持水量（W，毫米）计算公式如下：

$$W = G \times 10 \times H \times (M_2 - M_1) / M_1 \tag{3-2}$$

式中：M_1——环刀内烘干土重（克）；

M_2——浸润12小时后环刀内湿土重（克）；

H——土层厚度（厘米）。

土壤田间持水量（P，毫米）计算公式如下：

$$P = G \times 10 \times H \times (M_3 - M_1) / M_1 \tag{3-3}$$

式中：M_1——环刀内烘干土重（克）；

M_3——浸润12小时，在干砂上搁置2小时后环刀内湿土质量（克）；

H——土层厚度（厘米）。

土壤总毛管孔隙度（P_1，%）计算公式如下：

$$P_1 = (1 - D/d) \times 100\% \tag{3-4}$$

式中：D——土壤容重（克/立方厘米）；

d——土壤比重（克/立方厘米）。

3.1.3 数据质量控制与评估

根据试验方案，对参与取样的人员进行集中技术培训，并固定采样人员，减小人为误差。室内试验采用标准的测量方法、专业的试验人员进行操作。

3.1.4 数据

森林固定样地综合观测场（MTSZHGCC01 至 MTSZHGCC20）土壤物理性质见表3-3。

表3-3 森林固定样地综合观测场土壤物理性质

年份	观测场	类型	质地	取样层次（厘米）	饱和持水量（毫米）	田间持水量（毫米）	孔隙度（%）	容重（克/立方厘米）	颗粒组成 0.02~2毫米（%）	0.002~0.02毫米（%）	<0.002毫米（%）
2020	MTSZHGCC01	红壤	砂土	0~10	53.90	23.12	63.14	0.98	81.29	17.33	0.50
			砂土	10~30	45.67	19.86	58.72	1.09	83.34	15.51	0.48
	MTSZHGCC02	黄壤	砂土	0~10	62.18	40.27	87.52	0.53	82.45	16.63	0.92
			砂壤土	10~30	56.85	37.43	87.14	0.56	69.39	27.96	2.65
	MTSZHGCC03	红壤	砂土	0~10	64.44	39.67	82.71	0.46	89.31	10.23	0.46
			砂土	10~30	61.33	42.85	77.49	0.60	82.52	16.50	0.98
	MTSZHGCC04	黄壤	砂土	0~10	54.73	40.66	59.78	1.07	82.81	16.39	0.46
			砂土	10~30	54.35	34.09	61.60	1.02	81.78	16.78	0.53
	MTSZHGCC05	红壤	砂壤土	0~10	59.50	33.86	74.22	0.68	66.50	30.25	3.24
			砂壤土	10~30	54.98	33.31	68.97	0.82	63.58	31.90	4.52
	MTSZHGCC06	黄壤	壤砂土	0~10	56.81	36.78	73.35	0.71	72.67	25.72	1.61
			砂壤土	10~30	98.71	83.72	64.74	0.93	60.06	36.77	3.16
	MTSZHGCC07	黄壤	砂土	0-10	54.55	46.29	63.44	0.97	82.71	16.66	0.71
			砂土	10-30	101.63	84.54	59.98	1.06	81.34	17.74	0.66
	MTSZHGCC08	红壤	砂土	0~10	61.31	36.65	78.04	0.58	82.14	16.80	1.07
			壤砂土	10~30	115.89	66.85	75.29	0.65	74.55	23.47	1.98
	MTSZHGCC09	黄壤	壤砂土	0~10	61.06	29.16	76.59	0.62	71.17	26.13	2.70
			砂壤土	10~30	120.05	56.20	74.12	0.69	61.46	34.01	4.54

(续)

年份	观测场	类型	质地	取样层次（厘米）	饱和持水量（毫米）	田间持水量（毫米）	孔隙度（%）	容重（克/立方厘米）	颗粒组成 0.02~2毫米（%）	0.002~0.02毫米（%）	<0.002毫米（%）
2020	MTSZHGCC10	黄壤	壤砂土	0~10	60.37	28.65	79.93	0.53	76.45	21.90	1.66
			壤砂土	10~30	113.34	61.48	76.03	0.64	75.04	23.16	1.80
2021	MTSZHGCC11	黄壤	砂土	0~10	61.89	44.55	77.34	0.60	92.65	7.07	0.28
			砂土	10~30	122.84	98.81	70.33	0.79	83.92	15.16	0.92
	MTSZHGCC12	黄壤	砂土	0~10	58.86	42.77	53.59	1.23	86.58	13.03	0.33
			砂土	10~30	109.26	74.00	50.84	1.30	83.23	16.18	0.55
	MTSZHGCC13	红壤	砂土	0~10	58.93	45.41	72.22	0.74	85.76	13.60	0.64
			壤砂土	10~30	118.67	90.29	64.01	0.95	78.71	19.98	1.31
	MTSZHGCC14	红壤	砂壤土	0~10	58.12	32.46	68.13	0.84	63.94	32.49	3.58
			砂壤土	10~30	114.54	60.19	61.43	1.02	54.44	40.12	5.44
	MTSZHGCC15	黄壤	壤砂土	0~10	52.33	28.61	56.97	1.14	74.19	25.01	0.72
			砂壤土	10~30	108.69	54.10	55.94	1.17	64.52	33.50	1.98
	MTSZHGCC16	黄壤	壤砂土	0~10	60.20	42.58	59.13	1.08	76.87	22.44	0.64
			砂壤土	10~30	101.18	66.45	58.64	1.10	68.17	29.77	2.06
	MTSZHGCC17	黄壤	壤砂土	0~10	50.63	35.08	51.19	1.29	75.34	24.01	0.59
			壤砂土	10~30	105.13	65.57	52.30	1.26	72.16	27.15	0.67
	MTSZHGCC18	黄壤	壤砂土	0~10	53.85	41.49	49.99	1.33	76.99	22.37	0.58
			壤砂土	10~30	110.93	70.46	51.29	1.29	73.83	25.36	0.75
	MTSZHGCC19	黄壤	壤砂土	0~10	54.69	42.01	70.74	0.78	72.87	25.80	1.86
			砂壤土	10~30	109.72	76.95	60.10	1.06	54.74	35.44	3.24
	MTSZHGCC20	黄壤	壤砂土	0~10	63.96	28.18	61.38	1.02	79.23	21.61	0.62
			砂壤土	10~30	103.86	72.72	62.59	0.99	69.64	24.11	1.55

（续）

3.2 土壤化学性质数据集

3.2.1 概述

本数据集为江西马头山站常绿阔叶林、针阔混交林、落叶阔叶林、暖性针叶林、竹林等 20 个森林固定样地综合观测场（MTSZHGCC01 至 MTSZHGCC20）2020 年和 2021 年土壤化学性质（pH 值、铵态氮、硝态氮、全氮、全磷、有效磷、土壤有机碳、全钾、速效钾、全铁、全镁、全锰）观测数据。其中，20 个森林固定样地综合观测场（MTSZHGCC01 至 MTSZHGCC20）土壤取样深度均为 0～10 厘米和 10～30 厘米。

3.2.2 数据采集和处理方法

土壤化学性质数据采集参照《森林生态系统长期定位观测方法》（GB/T 33027—2016）中 5.1.3 部分的方法，每个样地的（上坡、中坡、下坡）至少挖 3 个土壤剖面，使用环刀法，采集 0～10 厘米和 10～30 厘米，土壤样本带回实验室（24 小时内）测定土壤化学性质。具体测样方法见表 3-4。观测频度为每 5 年 1 次。

表 3-4 土壤化学性质测定方法

序号	指标名称	数据获取方法
1	pH值	电位法
2	铵态氮	靛酚蓝比色法
3	硝态氮	分光光度法
4	全氮	半微量凯氏法
5	全磷	浓硫酸—过氧化氢消煮—钼锑抗比色法
6	有效磷	盐酸—氟化铵—钼锑抗比色法
7	土壤有机碳	重铬酸钾容量法
8	全钾	氢氧化钠碱熔—火焰光度法
9	速效钾	乙酸铵浸提—火焰光度法
10	全铁	盐酸—氢氟酸—硝酸—高氯酸消煮—ICP—AES法
11	全镁	盐酸—氢氟酸—硝酸—高氯酸消煮—ICP—AES法
12	全锰	盐酸—氢氟酸—硝酸—高氯酸消煮—ICP—AES法

3.2.3 数据质量控制和评估

根据试验方案，对参与取样的人员进行集中技术培训，并固定采样人员，减小人为误差。取样中，设置 3 个以上重复。室内试验采用标准测量方法，专业的试验人员进行操作，试验数据交接的时候，进行试验核查，保证数据质量。

3.2.4 数据

森林固定样地综合观测场（MTSZHGCC01 至 MTSZHGCC20）土壤常规化学性质见表 3-5，土壤剖面中微量元素见表 3-6。

表 3-5 森林固定样地综合观测场土壤常规化学性质

年份	观测场	取样层次（厘米）	pH	铵态氮（毫克/千克）	硝态氮（毫克/千克）	有机碳（毫克/克）	全氮（毫克/克）	全磷（毫克/克）	全钾（毫克/千克）	有效磷（毫克/千克）	速效钾（毫克/千克）
2020	MTSZHGCC01	0～10	5.56	0.97	8.45	59.24	1.55	0.45	6.93	3.07	33.70
		10～30	5.66	0.88	5.93	57.05	1.23	0.35	8.61	3.05	28.71
	MTSZHGCC02	0～10	4.67	5.65	17.17	30.20	2.17	1.13	13.44	4.07	36.02
		10～30	4.70	5.21	14.74	25.70	2.64	1.49	13.88	3.91	37.82
	MTSZHGCC03	0～10	4.04	7.62	4.20	87.92	2.16	0.39	13.10	5.68	27.98
		10～30	4.28	7.24	3.79	51.73	1.32	0.36	13.88	3.95	29.28
	MTSZHGCC04	0～10	4.89	0.45	13.43	25.66	1.43	0.48	10.94	5.83	35.54
		10～30	4.88	0.50	10.02	18.94	1.72	0.56	8.88	5.89	29.68
	MTSZHGCC05	0～10	4.48	9.06	2.52	43.60	1.30	0.17	10.31	2.73	16.68
		10～30	4.58	6.67	2.72	38.45	0.85	0.15	9.43	2.22	18.59
	MTSZHGCC06	0～10	4.67	8.06	5.31	33.70	1.34	0.15	15.71	2.42	28.83
		10～30	4.72	5.14	4.36	19.26	0.91	0.12	16.11	1.95	21.22
	MTSZHGCC07	0～10	5.07	0.82	10.17	31.66	2.84	0.33	12.93	5.38	46.25
		10～30	5.25	0.78	6.36	21.63	3.36	0.29	13.89	3.64	47.32
	MTSZHGCC08	0～10	4.54	11.12	7.56	52.90	2.32	0.34	18.59	4.53	35.81
		10～30	4.74	7.44	5.82	37.80	1.94	0.31	19.16	2.91	45.28
	MTSZHGCC09	0～10	5.38	15.79	19.73	39.58	2.85	0.49	22.43	2.40	56.92
		10～30	5.59	12.35	10.03	27.37	2.30	0.46	20.60	1.50	55.79
	MTSZHGCC10	0～10	4.99	16.12	20.74	34.01	2.25	0.24	25.17	4.67	26.59
		10～30	5.05	11.23	11.83	28.37	2.52	0.20	23.38	3.26	15.35
2021	MTSZHGCC11	0～10	5.07	36.52	28.41	100.31	2.32	0.32	12.57	3.83	54.95
		10～30	5.20	36.92	19.14	68.14	2.75	0.33	12.49	2.75	40.86
	MTSZHGCC12	0～10	4.95	34.75	17.46	58.66	2.23	0.27	18.40	6.17	80.37
		10～30	4.98	12.47	12.04	23.42	1.33	0.23	21.49	3.13	93.57
	MTSZHGCC13	0～10	4.95	36.92	29.40	69.30	2.65	0.51	8.64	4.44	44.28
		10～30	5.00	32.34	35.48	59.83	2.57	0.52	8.59	3.66	38.90
	MTSZHGCC14	0～10	4.90	47.44	16.68	37.84	1.95	0.22	12.13	2.25	70.16
		10～30	4.86	27.16	13.89	23.64	1.98	0.21	12.48	1.64	74.80
	MTSZHGCC15	0～10	5.45	39.18	17.19	39.22	2.19	0.18	16.01	2.18	53.92
		10～30	5.32	32.17	8.32	28.27	2.71	0.16	15.44	1.57	38.02

（续）

年份	观测场	取样层次（厘米）	pH	铵态氮（毫克/千克）	硝态氮（毫克/千克）	有机碳（毫克/千克）	全氮（毫克/千克）	全磷（毫克/千克）	全钾（毫克/千克）	有效磷（毫克/千克）	速效钾（毫克/千克）
2021	MTSZHGCC16	0～10	5.27	37.09	14.83	60.85	3.77	0.41	16.05	1.80	91.18
		10～30	5.00	30.01	10.71	36.66	2.14	0.36	16.02	1.40	76.76
	MTSZHGCC17	0～10	5.63	24.54	19.32	15.33	1.84	0.40	13.40	2.91	34.51
		10～30	5.48	16.20	14.42	11.07	2.14	0.39	15.05	2.31	19.99
	MTSZHGCC18	0～10	5.48	25.80	18.86	42.67	2.75	0.34	14.40	3.96	76.04
		10～30	5.19	15.37	11.26	29.90	2.29	0.30	14.73	3.26	88.89
	MTSZHGCC19	0～10	5.32	62.08	15.50	24.17	1.69	0.16	14.00	2.95	17.60
		10～30	5.30	37.18	9.64	20.25	1.64	0.12	14.84	2.40	31.83
	MTSZHGCC20	0～10	4.52	59.71	14.32	92.09	2.62	0.28	16.74	6.07	15.91
		10～30	4.88	36.06	6.42	30.66	1.79	0.13	19.76	3.30	23.03

表 3-6　森林固定样地综合观测场土壤剖面中微量元素

年份	观测场	取样层次（厘米）	铁（毫克/千克）	镁（毫克/千克）	锰（毫克/千克）
2020	MTSZHGCC01	0～10	7.90	0.22	0.01
		10～30	7.77	0.21	0.01
	MTSZHGCC02	0～10	8.94	0.25	0.02
		10～30	9.01	0.26	0.02
	MTSZHGCC03	0～10	8.35	0.19	0.01
		10～30	8.30	0.21	0.01
	MTSZHGCC04	0～10	8.30	0.23	0.01
		10～30	8.03	0.22	0.01
	MTSZHGCC05	0～10	9.42	0.35	0.01
		10～30	8.96	0.28	0.01
	MTSZHGCC06	0～10	9.03	0.23	0.03
		10～30	8.89	0.22	0.04
	MTSZHGCC07	0～10	9.00	0.30	0.34
		10～30	10.02	0.34	0.67
	MTSZHGCC08	0～10	9.65	0.36	0.04
		10～30	9.71	0.35	0.04
	MTSZHGCC09	0～10	8.64	0.38	1.06
		10～30	8.75	0.31	0.97
	MTSZHGCC10	0～10	8.92	0.31	0.68
		10～30	8.98	0.30	0.58

(续)

年份	观测场	取样层次（厘米）	铁（毫克/千克）	镁（毫克/千克）	锰（毫克/千克）
2021	MTSZHGCC11	0～10	8.53	0.19	0.22
		10～30	8.68	0.19	0.19
	MTSZHGCC12	0～10	8.07	0.20	0.28
		10～30	8.32	0.22	0.22
	MTSZHGCC13	0～10	8.83	0.21	0.01
		10～30	9.01	0.22	0.01
	MTSZHGCC14	0～10	9.11	0.22	0.06
		10～30	9.45	0.23	0.06
	MTSZHGCC15	0～10	9.77	0.49	0.96
		10～30	9.78	0.45	0.70
	MTSZHGCC16	0～10	10.73	0.44	0.86
		10～30	10.94	0.47	0.56
	MTSZHGCC17	0～10	9.85	0.39	0.42
		10～30	9.73	0.37	0.33
	MTSZHGCC18	0～10	9.38	0.35	0.32
		10～30	9.46	0.33	0.26
	MTSZHGCC19	0～10	7.63	0.19	0.23
		10～30	8.14	0.20	0.21
	MTSZHGCC20	0～10	7.87	0.37	0.25
		10～30	8.71	0.40	0.21

3.3 土壤有机碳密度数据集

3.3.1 概述

本数据集为江西马头山站常绿阔叶林、针阔混交林、落叶阔叶林、暖性针叶林、竹林等 20 个森林固定样地综合观测场（MTSZHGCC01 至 MTSZHGCC20）2020 年和 2021 年分层（0～10 厘米和 10～30 厘米）土壤有机碳密度观测数据。

3.3.2 数据采集和处理方法

土壤有机碳密度数据采集参照《森林生态系统长期定位观测方法》（GB/T 33027—2016）中 5.2.3 部分的方法，采用土钻法，刮掉土壤表面采集土壤样品。从每一个样方选择 3 个抽样点，把 3 个抽样点的样本放在一起，通过重复四分法筛选出一个样本；每个类型的同一深度至少收集 4～6 份样本。土壤样本带回实验室风干，研磨过 0.15 毫米筛后，测定有机碳含量。

3.3.3 数据质量控制和评估

取样前,根据取样方案,对参与取样的人员进行仪器使用集中培训,并固定采样人员,减少人为误差。取样中,设置 3 个以上取样点,循环取样。取样后,调查人和记录人及时对原始记录进行核查,发现错误及时纠正。

3.3.4 数据

森林固定样地综合观测场(MTSZHGCC01 至 MTSZHGCC20)土壤有机碳密度见表 3-7。

表 3-7　森林固定样地综合观测场土壤有机碳密度

年份	观测场	有机碳密度(千克/平方米)	
		0~10厘米	10~30厘米
2020	MTSZHGCC01	8.15	6.57
	MTSZHGCC02	0.77	1.83
	MTSZHGCC03	3.72	9.08
	MTSZHGCC04	2.75	5.99
	MTSZHGCC05	3.01	9.17
	MTSZHGCC06	2.34	5.30
	MTSZHGCC07	3.09	6.84
	MTSZHGCC08	2.89	6.62
	MTSZHGCC09	2.44	5.64
	MTSZHGCC10	1.84	5.43
2021	MTSZHGCC11	5.90	15.86
	MTSZHGCC12	7.12	8.87
	MTSZHGCC13	5.13	17.08
	MTSZHGCC14	3.14	7.30
	MTSZHGCC15	4.44	9.92
	MTSZHGCC16	6.49	10.78
	MTSZHGCC17	1.97	4.21
	MTSZHGCC18	5.65	11.77
	MTSZHGCC19	1.87	6.44
	MTSZHGCC20	9.47	9.10

第四章

江西马头山站森林气象要素数据集

江西马头山站依托标准地面气象观测场（MTSBZQXGCC），依据《森林生态系统长期定位观测指标体系》（GB/T 35377—2017）规定的森林气象要素观测指标进行观测，汇总整理后形成气象要素数据集。具体观测指标、单位和频度见表 4-1。

表 4-1　江西马头山站森林气候要素观测指标

指标类型	观测指标	单位	观测频度
天气现象	气压	帕	每5分钟一次
风	10米风速	米/秒	
空气温湿度	最低温度	℃	
	最高温度		
	温度均值		
	相对湿度	%	
土壤温湿度	10厘米深土壤温度	℃	
	20厘米深土壤温度		
	30厘米深土壤温度		
	40厘米深土壤温度		
	80厘米深土壤温度		
	10厘米深土壤湿度	%	
	20厘米深土壤湿度		
	30厘米深土壤湿度		
	40厘米深土壤湿度		
	80厘米深土壤湿度		
辐射	太阳总辐射	瓦特/平方米	
	光合有效辐射		
降水量	降水量	毫米	

4.1 气压数据集

4.1.1 概述

本数据集包括江西马头山站标准地面气象观测场（MTSBZQXGCC）2017—2022 年逐月平均气压数据。

4.1.2 数据采集和处理方法

气压数据采集参照《森林生态系统长期定位观测方法》（GB/T 33027—2016）中 6.1.3.4 的方法，将气压传感器接入数据采集器，按照每分钟采测 6 个气压值，采用滑动平均值法测定每分钟气压值，设置仪器输出每天平均气压。在质控数据的基础上，用日气压合计值除以日数获得月气压平均值。日平均值缺测 6 次或者以上时，不做月统计。

4.1.3 数据质量控制和评估

超出气压界限值域 30000～110000 帕的数据为错误数据；所观测的气压不小于日最低气压且不大于日最高气压；24 小时变压的绝对值小于 5000 帕；1 分钟内允许的最大变化值为 100 帕，1 小时内变化幅度的最小值为 10 帕；某一定时气温或湿度缺测时，用前、后两定时数据内插求得，按正常数据统计，若连续两个或以上定时数据缺测时，不能内插，仍按缺测处理。

4.1.4 数据

标准地面气象观测场（MTSBZQXGCC）月平均气压数据见表 4-2。

表 4-2　标准地面气象观测场气压

年份	月份	月平均气压（帕）
2017	5	97800
	6	97500
	7	97400
	8	96300
	9	97800
	10	98400
	11	98700
	12	99100
2018	1	98860
	2	98750

（续）

年份	月份	月平均气压（帕）
2018	3	98400
	4	98150
	5	97710
	6	97400
	7	97140
	8	96970
	9	97820
	10	98530
	11	98720
	12	99080
2019	1	99120
	2	98730
	3	98350
	4	97920
	5	97710
	6	97200
	7	97110
	8	97090
	9	97840
	10	98340
	11	98660
	12	98960
2020	1	98763
	2	98827
	3	98225
	4	98351
	5	97468
	6	97225
	7	97206
	8	97280
	9	97751
	10	98358
	11	98804
	12	99008

（续）

(续)

年份	月份	月平均气压（帕）
2021	1	98884
	2	98480
	3	98262
	4	98133
	5	97581
	6	97030
	7	96998
	8	97170
	9	97191
	10	98347
	11	98663
	12	99019
2022	1	98752
	2	98887
	3	98085
	4	98329
	5	97716
	6	97151
	7	97202
	8	97229
	9	97723
	10	98437
	11	98353
	12	99019

4.2 风速、风向数据集

4.2.1 概述

本数据集包括江西马头山站标准地面气象观测场（MTSBZQXGCC）2017—2022年逐月平均风速、风向数据。

4.2.2 数据采集和处理方法

风速采集参照《森林生态系统长期定位观测方法》(GB/T 33027—2016)中6.1.3.4的方法，

观测点位于林冠层上3米,每秒测1次风速数据,以1秒为步长求3秒滑动平均值,以3秒为步长求一分钟滑动平均风速,然后以1分钟为步长求10分钟滑动平均风速。在质控数据的基础上,用日风速合计值除以日数获得月风速平均值;统计每月各风向(北、北东、东、南东、南西、西、北西)出现频率,获取月最多风向。日平均值缺测6次或者以上时,不做月统计。

4.2.3 数据质量控制和评估

根据当地气象观测记录,确定各季节风速的极大值,极小值为0进行检验;风向检验,极大值360°,同时需检验传感器是否正常随风方向指示而变动。超出气候学界限值域0~75米/秒的数据为错误数据;10分钟平均风速小于最大风速;缺测6次或以上时,不做日平均统计。

4.2.4 数据

标准地面气象观测场(MTSBZQXGCC)风速、风向数据见表4-3。

表4-3 标准地面气象观测场风速、风向

年份	月份	10分钟平均风速月平均(米/秒)	月最多风向
2017	5	3.2	—
	6	1.8	—
	7	2.8	—
	8	2.5	—
	9	3.4	—
	10	5.1	—
	11	5.0	N
	12	6.0	N
2018	1	7.5	NW
	2	6.5	NW
	3	5.7	N
	4	4.6	N
	5	3.5	N
	6	2.5	N
	7	3.0	N
	8	2.4	N
	9	2.6	N
	10	3.3	N

(续)

年份	月份	10分钟平均风速月平均（米/秒）	月最多风向
2018	11	4.3	NW
	12	6.9	NW
2019	1	6.3	NW
	2	7.9	NW
	3	3.0	N
	4	0.1	N
	5	1.6	N
	6	1.7	N
	7	1.5	—
	8	2.6	NE
	9	3.9	N
	10	3.8	NW
	11	4.9	NE
	12	4.6	N
2020	1	5.0	N
	2	3.2	N
	3	0.4	N
	4	0.3	N
	5	0.2	N
	6	0.1	N
	7	0.2	N
	8	0.2	N
	9	0.1	NW
	10	0.2	N
	11	0.4	NW
	12	0.6	SW
2021	1	0.5	N
	2	0.4	N
	3	0.4	N
	4	0.2	N
	5	0.2	N
	6	1.2	N
	7	1.6	N
	8	1.4	N
	9	1.4	N

(续)

（续）

年份	月份	10分钟平均风速月平均（米/秒）	月最多风向
2021	10	0.9	N
	11	0.8	N
	12	0.8	N
2022	1	1.0	N
	2	1.1	N
	3	1.0	N
	4	0.0	S
	5	0.0	N
	6	0.0	N
	7	0.0	N
	8	0.0	N
	9	0.0	N
	10	0.0	N
	11	0.0	N
	12	0.8	N

4.3 空气温湿度数据集

4.3.1 概述

本数据集包括江西马头山站标准地面气象观测场（MTSBZQXGCC）2017—2022年空气温湿度（月最高气温、月最低气温、月平均温度、月平均相对湿度）数据。

4.3.2 数据采集和处理方法

空气温湿度数据采集参照《森林生态系统长期定位观测方法》（GB/T 33027—2016）中6.1.3.4的方法，将空气温湿度传感器接入数据采集器，每分钟采测6个空气温湿度值，采用滑动平均值法测定每分钟空气温湿度值，观测每天最高温度、最低温度，计算每天平均温度和湿度。在质控数据的基础上，统计每月的最高温度和最低温度，用日平均温度值合计除以日数获得月平均值。日平均值缺测6次或者以上时，不做月统计。

4.3.3 数据质量控制和评估

超出空气温度界限值域 -30～70℃、空气湿度界限 0%～100% 的数据为错误数据；1分钟内允许的最大变化值为3℃，1小时内变化幅度的最小值为0.1℃；定时气温大于等于日最低气温且小于等于日最高气温,定时湿度大于等于日最小相对湿度;气温大于等于露点温度;24小时气温变化范围小于50℃;某一定时气温或湿度缺测时,用前、后两定时数据内插求得,按正常数据统计,若连续两个或以上定时数据缺测时,不能内插,仍按缺测处理。

4.3.4 数据

标准地面气象观测场(MTSBZQXGCC)空气温湿度及辐射数据见表4-4。

表4-4 标准地面气象观测场空气温湿度和辐射

年份	月份	月最高气温（℃）	月最低气温（℃）	太阳总辐射均值（瓦特/平方米）	光合有效辐射均值（瓦特/平方米）	平均气温（℃）	相对湿度（%）
2017	5	33.6	11.5	187	—	21.2	85.3
	6	33.3	19.3	149	—	23.2	95.6
	7	38	21.1	211	—	26.7	86.9
	8	35.9	20.7	192	—	26.7	88.8
	9	36.2	15.6	170	—	25.1	86.2
	10	35.6	3.8	137	—	18.8	86.9
	11	28.1	3.7	92	—	13.5	91.6
	12	20.1	-3.7	108	—	6.7	91.6
2018	1	21.6	-5.4	75	5.9	5.7	90.8
	2	24.1	-7	119.3	21.3	8.3	85
	3	30.8	-0.3	130.7	43	13.4	87.7
	4	30.6	17.6	153.8	51.6	17.6	85.9
	5	23.7	13.5	172.1	55.8	23.7	87.4
	6	34.6	18.8	182.9	59.8	25.8	88.4
	7	36.1	20.1	214.7	73.4	26.6	86.6
	8	36.5	21.1	174.2	57.6	26.5	89.2
	9	35.5	13.3	170.8	52.5	24.2	88
	10	29.8	4.5	142.2	41.1	16.7	87.8
	11	26.7	2.1	92.7	28.1	13.5	93.5
	12	26.3	-2.7	46	12.2	7.9	96.1
2019	1	22.8	-4.2	68.8	12.5	6.4	94.4
	2	23.3	0	48.4	8	7.6	96.6
	3	30.4	1.6	94.5	18.2	12.4	91.5
	4	32.3	6.9	121.3	48.8	17.9	91.6
	5	32.8	11.3	124.3	26.4	20.9	90.2
	6	36.1	14.1	149.2	18.7	24.2	90.8
	7	37.1	18.8	151.6	31.5	26	91.9
	8	37.8	20.1	196	17.9	26.9	84.4

（续）

年份	月份	月最高气温（℃）	月最低气温（℃）	太阳总辐射均值（瓦特/平方米）	光合有效辐射均值（瓦特/平方米）	平均气温（℃）	相对湿度（%）
2019	9	37.6	10.2	196.3	10.7	23.6	77.9
	10	36.5	5.7	140	3.6	19.5	81.8
	11	30.3	0.5	128.3	0.5	12.9	83
	12	21.3	-5.2	62.3	26.1	6.8	89.5
2020	1	21.6	-3.1	12.9	49.6	7.1	95.9
	2	22.3	-3.1	11.2	76.8	8.8	96.2
	3	27	2.6	—	—	13.2	96.2
	4	32.1	2.5	80.1	—	15.2	83.4
	5	34.4	12.6	137.2	—	22.6	89.1
	6	33.9	20.3	117.1	—	25.1	93.9
	7	37	21.5	171.6	—	26.7	88.7
	8	36.4	20.8	168.1	—	26.6	85.5
	9	33.6	15.9	100.1	—	22	93.5
	10	30	6	99.8	—	17.9	88.3
	11	28.6	4	100.1	—	13.5	85.3
	12	18.3	-5.6	62.2	—	7.3	88.9
2021	1	23.3	8.8	99.1	146	4.8	80.6
	2	25.6	0	105.8	154.1	11.9	85.8
	3	30.4	14.1	87.9	124.4	14.1	89.5
	4	31.5	9.9	99.3	137	17.3	88.6
	5	34.5	12.2	128.8	174.7	21.8	87.1
	6	34.3	22.3	137.6	231.1	25.8	85.3
	7	36.2	20.6	188.2	293.1	26.6	83.1
	8	35.3	20.2	152.1	235.4	26.5	85.6
	9	35.7	18.6	184.2	283.1	25	80.5
	10	34.7	9.8	106.2	169	18.8	83
	11	23.1	0.3	102.9	157.5	12.1	83.8
	12	23.4	0	86.3	131.8	8.5	82.1
2022	1	21.9	6.3	53.8	81.2	7.4	89.1
	2	25	0	55	80	5.5	90.8
	3	29.8	0.7	113	160.7	14.9	81.6
	4	32.9	3.3	147.4	201.4	15	80.8
	5	31.3	9.1	117.5	161.8	19.2	87.9
	6	35.8	18.3	133.8	176.7	24.1	89
	7	38.8	20.8	211.8	275.6	27.6	78.1
	8	38.1	21.4	208.8	274.6	27.8	75.4
	9	35.8	19.1	139.3	202.7	26	68.6
	10	30.6	3.5	165.2	242.5	17	63.9
	11	31.1	3.8	70.5	104.7	16.2	87.8
	12	16.7	6	86.3	131.8	8.5	82.1

（续）

4.4 土壤温度数据集

4.4.1 概述

本数据集包括江西马头山站标准地面气象观测场（MTSBZQXGCC）2021—2022年不同土层（地表、10厘米、20厘米、30厘米、40厘米、80厘米）土壤温度数据。其中，10厘米、20厘米、30厘米、40厘米、80厘米土壤温度观测从2021年6月开始，之前月份用"—"表示。

4.4.2 数据采集和处理方法

土壤温度数据采集参照《森林生态系统长期定位观测方法》(GB/T 33027—2016)中6.1.3.4的方法，将布设在不同深度土壤中的土壤温度传感器接入数据采集器，按照每分钟采测6个土壤温度值，采用滑动平均值法测定每分钟土壤温度值，观测每天最高和最低温度值，计算每天不同深度土壤的平均温度。在质控数据的基础上，统计每月的土壤最高温度和最低温度，用日平均温度值合计除以日数获得不同深度土壤温度的月平均值。日平均值缺测6次或者以上时，不做月统计。

4.4.3 数据质量控制和评估

超出土壤温度界限值域-30～50℃的数据为错误数据；1分钟内允许的最大变化值为3℃，1小时内变化幅度的最小值为0.1℃；定时地表温度大于等于日最小地表温度且小于等于日最高地表温度；24小时土壤温度变化范围小于50℃；某一定时土壤温度缺测时，用前、后两定时数据内插求得，按正常数据统计，若连续两个或以上定时数据缺测时，不能内插，仍按缺测处理。

4.4.4 数据

标准地面气象观测场（MTSBZQXGCC）土壤温度月平均数据见表4-5。

表4-5　标准地面气象观测场土壤温度月平均数据

年份	月份	10厘米土壤温度（℃）	20厘米土壤温度（℃）	30厘米土壤温度（℃）	40厘米土壤温度（℃）	80厘米土壤温度（℃）
2021	1	—	—	—	—	—
	2	—	—	—	—	—
	3	—	—	—	—	—
	4	—	—	—	—	—
	5	—	—	—	—	—
	6	15.0	19.1	22.2	22.7	25.8
	7	16.2	21.1	26.5	26.7	28.2

(续)

年份	月份	10厘米土壤温度（℃）	20厘米土壤温度（℃）	30厘米土壤温度（℃）	40厘米土壤温度（℃）	80厘米土壤温度（℃）
2021	8	19.3	20.8	24.1	24.3	28.6
	9	23.3	20.4	22.4	22.3	27.3
	10	16.8	17.9	21.1	17.4	18.1
	11	14.2	11.9	16.4	11.4	12.6
	12	6.6	9.2	13.3	8.7	8.7
2022	1	10.2	14.1	12.0	13.6	6.6
	2	12.9	16.8	11.1	16.2	5.1
	3	17.6	21.5	18.4	21.0	9.5
	4	18.7	22.6	20.2	22.0	11.1
	5	21.0	24.9	20.9	24.4	13.9
	6	20.3	24.1	26.9	23.6	17.4
	7	15.1	18.9	30.5	18.4	20.9
	8	13.2	16.7	32.4	16.3	21.8
	9	24.6	21.6	23.7	23.6	28.9
	10	17.8	18.9	22.2	18.4	19.1
	11	15.0	12.6	17.3	12.1	13.3
	12	6.6	9.2	13.3	8.7	8.7

4.5 降水量数据集

4.5.1 概述

本数据集包括江西马头山站标准地面气象观测场（MTSBZQXGCC）2017—2022年月累计降水量数据。

4.5.2 数据采集和处理方法

降水量数据采集参照《森林生态系统长期定位观测方法》（GB/T 33027—2016）中6.1.3.4的方法，采用自动记录雨量计测定降水量，采样频率为30分钟1次，计算、存储1小时的累计降水量，逐小时降水量加和为逐日降水量，逐日降水量加和为逐月降水量数据，观测高度为距地面70厘米。

4.5.3 数据质量控制和评估

降水强度超出气候学界值域0.005～250毫米/分钟的数据为错误数据；一日中各时降水量缺测数小时但不是全天缺测时，按实际有记录做日合计。全天缺测时，不做日合计，按缺测处理。翻斗式雨量计每年进入雨季之前进行检验。方法：以 800 毫升水以匀速、缓慢倒入盛水漏斗，记录翻斗次数（每斗 0.2 毫米），反复实验几次，翻斗次数在 100±1 次。

4.5.4 数据

标准地面气象观测场（MTSBZQXGCC）月降水量数据见表 4-6。

表 4-6　标准地面气象观测场月降水量

年份	月份	降水总量（毫米）
2017	5	129.6
	6	616.8
	7	86.8
	8	210.2
	9	11.6
	10	10.8
	11	167.4
	12	25.4
2018	1	99.4
	2	82.2
	3	115.6
	4	123.4
	5	279.8
	6	87.6
	7	301.2
	8	195.6
	9	168.4
	10	98.0
	11	135.4
	12	124.0
2019	1	155.0
	2	213.8
	3	192.4
	4	210.6
	5	310.0
	6	517.8
	7	710.4
	8	92.2
	9	25.6
	10	61.8

第四章　江西马头山站森林气象要素数据集

（续）

年份	月份	降水总量（毫米）
2019	11	7.0
	12	53.2
2020	1	134.0
	2	13.2
	3	269.2
	4	111.6
	5	411.8
	6	323.0
	7	387.6
	8	124.8
	9	188.6
	10	15.0
	11	30.6
	12	40.6
2021	1	30.6
	2	99.8
	3	186.6
	4	146.2
	5	340.0
	6	153.0
	7	103.6
	8	65.2
	9	137.9
	10	64.4
	11	100.6
	12	26.8
2022	1	102.6
	2	174.0
	3	286.0
	4	314.2
	5	368.8
	6	448.7
	7	9.4
	8	37.8
	9	0.02
	10	2.6
	11	198.6
	12	26.8

（续）

第五章
江西马头山站森林群落学特征数据集

江西马头山站依据建立的常绿阔叶林、针阔混交林、落叶阔叶林、暖性针叶林、竹林等 20 个森林固定样地综合观测场（MTSZHGCC01 至 MTSZHGCC20），对《森林生态系统长期定位观测指标体系》（GB/T 35377—2017）规定的森林群落学特征观测指标（森林群落主要成分、群落结构、乔木层生物量、乔木层蓄积量、乔木层碳储量）进行观测，汇总整理后形成森林群落学特征要素数据集。具体观测指标、频度和时间见表 5-1。

表 5-1 江西马头山站森林群落学特征观测指标

指标类别	观测对象	观测指标	单位	观测频度
森林群落主要成分	起源			观测一次
	乔木	林龄	年	每5年一次
		种名		
		树高	米	
		胸径	厘米	
		密度	株/公顷	
		郁闭度	%	
		枝下高	米	
		冠幅		
	灌木	种名		
		平均基径	厘米	
		平均高度	米	
		盖度	%	
		多度		
		分布情况		
	草本	种名		
		盖度	%	

(续)

指标类别	观测对象	观测指标	单位	观测频度
森林群落主要成分	草本	高度	厘米	每5年一次
	幼苗幼树	种类		
		密度	株/公顷	
		高度	厘米	
		基径	厘米	
植被蓄积量	乔木层蓄积量		立方米/公顷	
植被生长量	乔木层生物量		千克/公顷	
植被碳储量	乔木层碳储量		吨/公顷	

5.1 森林群落主要成分数据集

5.1.1 概述

本数据集包括江西马头山站常绿阔叶林、针阔混交林、落叶阔叶林、暖性针叶林、竹林等20个森林固定样地综合观测场（MTSZHGCC01至MTSZHGCC20）乔木层主特征（起源、郁闭度、种名、密度、平均胸径、平均树高、枝下高、平均冠幅）、灌木层特征（种名、郁闭度、密度、平均基径、平均高度）、草木层特征（种名、平均高度、盖度分布情况）和幼苗幼树层特征（种名、密度、平均高度、平均基径）数据。在监测样地中，以树高5米为界限划分乔木层和灌木层。其中，树高＞5米的植株为乔木层，树高≤5米的植物为灌木层。另外，将高度≥0.25米的乔木、灌木个体都视为幼树，高度＜0.25米的乔木、灌木个体都视为幼苗。

5.1.2 数据采集和处理方法

乔木层特征观测参照《森林生态系统长期定位观测方法》（GB/T 33027—2016）中7.1.3.5.2和8.5.3.7的方法，其中起源数据根据历史资料、访问或株行距确定，赋佳标准为起源天然2，人工林为1，观测频率为观测1次，调查并记录所有植物种名、学名、胸径≥1.0厘米的各类树种的胸径、树高、冠幅，按样方观测群落郁闭度，然后按每木调查数据，计算林分每种乔木的平均高度，平均胸径、平均冠幅、平均枝下高和密度，观测频率为每5年观测1次。

灌木层观测调查参照《森林生态系统长期定位观测方法》（GB/T 33027—2016）中7.1.3.5.3和8.5.3.7的方法，灌木层观测在每个40米×40米样方随机选取5个5米×5米的样方，调查并记录灌木种名，调查株数（丛数）、基径、株高，在质控基础上，不同灌木种在各样方株数（丛数）、基径、株高分别累加，除以总样方数，得到样地灌木层各种植物的密度、平均基径、平均株高；根据不同灌木中在样方中出现频度，确定其分布情况（集群、均匀和随机分布）；观测频度为每 5 年观测一次。

草本层特征观测参照《森林生态系统长期定位观测方法》（GB/T 33027—2016）中 7.1.3.5.4 和 8.5.3.7 的方法，每个 40 米 ×40 米样方内设置 5 个 1 米 ×1 米的草本小样方，调查并记录草本层植株种类、高度，采用样线法测定盖度。在质控基础上，不同草本在各样方株高和盖度分别累加，除以总样方数，得到样地草本层各种植物的平均株高和盖度；根据不同灌木中在样方中出现频率，确定其分布情况（集群、均匀和随机分布）；观测频率为每 5 年观测 1 次。

幼苗幼树层特征观测参照《森林生态系统长期定位观测方法》（GB/T 33027—2016）中 7.1.3.5 和 8.5.3.7 的方法，幼树和幼苗分别随同灌木层或草本层一起调查，调查并记录幼苗幼树种类、高度、基经。在质控基础上，不同幼苗幼树在各样方株高和盖度分布累加，除以总样方数，得到样地幼苗幼树层各种植物的平均基径、株高和盖度；观测频度为每 5 年观测 1 次。

5.1.3 数据质量控制和评估

调查前，对参与调查的人员进行集中技术培训，并固定采样人员，减少人为误差，对于不能当场鉴定的植物物种，应采集带有花或果的标本，带回实验室鉴定。没有花或果的做好标记，以备在花果期进行取样鉴定；调查人和记录人及时对原始记录进行核查，发现错误及时纠正，数据录入过程注意质量控制，及时记录数据并进行审校和检查，运用统计分析方法对观测数据进行初步分析，以便及时发现调查工作存在的问题，及时与质量负责人取得联系，以进一步核实测定结果的准确性。发现数据缺失和可疑数据时，及时进行必要的补测和重测；最后进行数据质量评估，即将所获取的数据与各项辅助信息数据以及历史数据信息进行比较，评价数据的正确性、一致性、完整性、可比性和连续性。

5.1.4 数据

20 个森林固定样地综合观测场（MTSZHGCC01 至 MTSZHGCC20）起源见表 5-2。

表 5-2 森林固定样地综合观测场森林起源

年份	观测场	森林类型	群系	样地大小（米×米）	起源
2020	MTSZHGCC01	竹林	毛竹林	40×40	天然林
	MTSZHGCC02	常绿阔叶林	青冈林	40×40	天然林
	MTSZHGCC03	常绿阔叶林	甜槠林	40×40	天然林
	MTSZHGCC04	落叶阔叶林	枫香林	40×40	人工林
	MTSZHGCC05	常绿阔叶林	混交林	40×40	天然林
	MTSZHGCC06	常绿阔叶林	混交林	40×40	天然林
	MTSZHGCC07	常绿阔叶林	木荷林	40×40	人工林

(续)

年份	观测场	森林类型	群系	样地大小（米×米）	起源
2020	MTSZHGCC08	常绿阔叶林	青冈林	40×40	天然林
	MTSZHGCC09	常绿阔叶林	混交林	40×40	天然林
	MTSZHGCC10	竹林	毛竹林	40×40	天然林
2021	MTSZHGCC11	常绿阔叶林	黑叶锥林	40×40	天然林
	MTSZHGCC12	常绿阔叶林	栲树林	40×40	天然林
	MTSZHGCC13	常绿阔叶林	甜槠林	40×40	天然林
	MTSZHGCC14	常绿阔叶林	混交林	40×40	天然林
	MTSZHGCC15	暖性针叶林	杉木林	40×40	人工林
	MTSZHGCC16	暖性针叶林	杉木林	40×40	人工林
	MTSZHGCC17	落叶阔叶林	枫香林	40×40	人工林
	MTSZHGCC18	落叶阔叶林	枫香林	40×40	人工林
	MTSZHGCC19	竹林	毛竹林	40×40	天然林
	MTSZHGCC20	暖性针叶林	马尾松林	40×40	人工林

森林固定样地综合观测场（MTSZHGCC01 至 MTSZHGCC20）乔木层特征见表 5-3 和表 5-4。

表 5-3　2020 年森林固定样地综合观测场乔木层特征

年份	观测场	郁闭度（%）	种名	平均胸径（厘米）	平均树高（米）	密度（株/公顷）	平均枝下高（米）
2020	MTSZHGCC01	95	毛竹	13.3	13.0	2050	7.3
			赤杨叶	14.7	11.4	181	8.5
			檵木	6.0	7.0	281	2.1
			苦槠	9.7	8.5	156	3.7
			野含笑	4.6	5.9	213	2.4
			枫香	16.2	12.7	75	6.8
			油茶	3.3	6.0	94	2.6
			紫楠	6.7	8.9	69	6.0
			赛山梅	5.1	7.6	63	6.0
			乌桕	32.4	16.0	6	10.0
			黄山木兰	11.3	10.3	19	7.5
			日本杜英	28.6	16.0	6	7.0
			米槠	3.0	5.6	31	2.3
			少花桂	4.1	7.8	25	6.0
			薄叶润楠	15.0	10.0	13	8.7
			粗糠柴	4.3	5.6	25	3.5
			黑壳楠	6.3	7.0	19	5.1
			红楠	9.6	9.4	13	8.0
			猴欢喜	5.5	5.4	19	3.0
			光叶山矾	11.0	5.6	13	5.0

(续)

年份	观测场	郁闭度(%)	种名	平均胸径(厘米)	平均树高(米)	密度(株/公顷)	平均枝下高(米)
2020	MTSZHGCC01	95	香港四照花	4.3	7.0	13	4.0
			光皮桦	4.4	6.5	13	1.0
			川桂	4.9	6.0	13	4.5
			台湾冬青	5.0	6.0	13	3.5
			木荷	13.5	10.0	6	5.7
			香叶树	11.0	13.0	6	7.0
			黄绒润楠	1.9	5.1	13	3.2
			虎皮楠	9.8	5.1	6	1.9
			鹅耳枥	4.7	10.0	6	7.0
			糙叶树	5.1	8.0	6	4.7
			甜槠	4.8	7.0	6	2.8
			鸡仔木	3.6	8.0	6	3.7
			山梅花	2.2	5.7	6	3.0
2020	MTSZHGCC02	85	青冈	5.5	7.6	863	4.3
			毛竹	11.5	11.7	225	4.2
			拟赤杨	16.0	13.2	150	9.5
			苦槠	8.0	9.0	313	5.4
			石栎	5.9	7.5	381	4.9
			南酸枣	18.4	14.7	113	8.5
			红淡比	4.3	5.6	450	2.6
			猴欢喜	4.8	6.7	331	3.4
			杉木	14.5	11.4	69	6.4
			黄丹木姜子	6.5	9.9	94	4.7
			杭州榆	7.6	8.6	88	6.3
			少叶黄杞	5.1	7.1	94	4.4
			钩栲	43.6	14.9	6	7.0
			檵木	11.8	10.4	44	3.3
			野含笑	3.4	5.2	106	4.1
			绒毛润楠	2.2	6.5	69	3.4
			黑壳楠	11.0	9.3	31	4.6
			米槠	7.1	7.9	44	5.4
			毛果枳椇	21.2	12.8	13	10.7
			甜槠	5.6	6.9	50	3.6
			紫楠	8.0	8.9	38	3.9
			山杜英	8.4	7.3	31	5.5
			大果卫矛	7.1	7.2	31	5.9
			木荷	6.8	6.9	31	3.4
			厚壳树	4.2	5.8	38	7.0
			矩叶鼠刺	5.4	7.4	31	4.7
			铁冬青	2.8	6.9	38	3.2

(续)

年份	观测场	郁闭度(%)	种名	平均胸径（厘米）	平均树高（米）	密度（株/公顷）	平均枝下高（米）
2020	MTSZHGCC02	85	少花桂	9.5	9.2	19	4.6
			泡花树	6.0	8.3	25	5.5
			山乌桕	14.1	8.1	13	4.6
			尾叶山茶	22.4	10.0	6	7.3
			尖连蕊茶	3.1	6.3	31	3.6
			油柿	7.3	10.7	19	8.6
			赛山梅	6.0	11.7	19	3.3
			光皮梾木	6.7	10.0	19	6.3
			丝栗栲	4.9	6.5	25	2.4
			乳源木莲	5.4	5.9	25	5.5
			千年桐	9.7	12.4	13	6.6
			黄檀	18.7	11.6	6	3.8
			野黄桂	5.1	9.6	19	4.3
			虎皮楠	6.0	7.3	19	3.8
			野漆	8.8	9.7	13	7.1
			短柱柃	4.8	7.2	19	5.5
			木姜叶柯	5.5	11.5	13	6.5
			短尾鹅耳枥	13.0	14.3	6	10.0
			山樱花	11.9	10.8	6	9.0
			厚叶冬青	3.9	7.0	13	5.6
			中华杜英	4.4	6.8	13	3.9
			树参	3.5	6.6	13	6.5
			光叶山矾	10.0	8.7	6	6.8
			油桐	10.0	8.0	6	6.0
			青榨槭	9.5	8.0	6	4.2
			细柄蕈树	7.0	12.3	6	8.6
			无患子	7.4	12.0	6	7.2
			冬青	9.3	7.7	6	3.9
			枫香	8.3	8.0	6	6.8
			尾叶樱桃	8.8	7.0	6	4.8
			罗浮柿	4.0	11.6	6	9.5
			中华石楠	5.5	8.7	6	3.8
			紫果槭	3.0	10.2	6	3.1
2020	MTSZHGCC03	90	甜槠	11.8	10.5	1606	5.6
			赤楠	3.5	6.1	731	3.1
			厚皮香	4.0	6.9	556	4.2
			木荷	6.9	10.0	156	5.4
			细柄蕈树	6.8	9.8	150	4.8
			黄丹木姜子	4.3	6.6	206	3.6
			云和新木姜子	3.5	8.2	144	5.1

(续)

年份	观测场	郁闭度(%)	种名	平均胸径（厘米）	平均树高（米）	密度（株/公顷）	平均枝下高（米）
2020	MTSZHGCC03	90	日本杜英	14.2	11.7	50	7.9
			中华杜英	8.7	9.9	75	5.6
			石木姜子	4.4	7.4	106	4.0
			马银花	5.4	7.7	94	2.3
			石栎	4.6	8.1	94	7.0
			厚叶冬青	5.3	6.5	81	5.4
			尾叶冬青	4.7	7.5	75	5.8
			细叶青冈	4.5	8.2	69	7.7
			短尾越橘	2.7	6.2	75	5.4
			罗浮柿	5.0	9.4	50	7.7
			矩叶鼠刺	3.0	7.1	50	4.8
			薄叶山矾	3.5	6.4	44	5.7
			黄牛奶树	9.2	12.3	19	7.8
			野漆	7.1	9.8	19	9.0
			山乌桕	9.0	12.0	13	3.4
			山杜英	16.5	15.0	6	4.3
			短梗冬青	9.7	8.6	13	7.2
			树参	16.4	9.7	6	3.4
			黑叶锥	5.1	8.0	13	3.4
			中华石楠	9.0	9.3	6	5.6
			尖连蕊茶	4.6	9.0	6	2.3
2020	MTSZHGCC04	75	枫香	13.5	13.4	419	5.6
			牡荆	4.8	6.3	119	2.0
			小蜡	5.9	7.7	63	3.1
			苦楝	18.5	12.3	19	10.0
			南酸枣	24.5	17.0	13	7.0
			池杉	8.3	7.9	31	2.3
			乌桕	21.0	17.0	6	9.0
			棕榈	18.0	6.0	6	3.0
			拟赤杨	5.9	6.5	13	1.5
			油桐	5.3	6.0	13	1.3
			白背叶	5.0	5.0	6	1.0
2020	MTSZHGCC05	90	杉木	11.1	9.9	825	6.2
			甜槠	12.0	9.9	413	4.3
			木荷	11.2	11.3	269	6.3
			细柄蕈树	7.2	9.1	288	4.2
			罗浮柿	5.4	9.2	306	5.6
			少叶黄杞	6.0	8.8	269	3.9
			中华杜英	7.8	8.6	138	4.9
			薄叶山矾	3.7	6.8	144	3.3

(续)

（续）

年份	观测场	郁闭度（%）	种名	平均胸径（厘米）	平均树高（米）	密度（株/公顷）	平均枝下高（米）
2020	MTSZHGCC05	90	黑叶锥	6.9	7.3	113	2.8
			厚皮香	5.6	8.3	113	4.3
			杨桐	9.2	5.7	63	2.5
			虎皮楠	6.0	9.3	63	5.5
			拟赤杨	6.1	10.7	56	7.6
			厚叶冬青	3.7	5.4	75	2.1
			紫果槭	6.6	9.3	38	4.8
			赤楠	3.2	5.2	56	2.6
			弯蒴杜鹃	4.7	6.6	44	3.0
			木姜叶柯	5.5	7.8	31	3.1
			米槠	14.0	15.5	13	12.0
			杨梅	9.4	8.7	19	3.0
			黄绒润楠	2.5	6.0	31	1.8
			云和新木姜子	4.9	7.4	25	5.0
			红楠	7.0	9.7	19	6.0
			山乌桕	7.2	9.3	19	4.1
			野柿	6.9	9.0	13	6.0
			马尾松	14.5	13.0	6	9.0
			野漆树	5.7	10.0	13	6.0
			油茶	2.9	5.5	19	2.0
			石木姜子	4.9	8.5	13	5.0
			延平柿	5.0	7.5	13	5.0
			黄毛冬青	4.7	6.0	13	3.0
			乳源木莲	5.7	6.5	6	5.5
			矩叶鼠刺	3.6	6.0	6	1.2
			贵定桤叶树	3.1	6.0	6	1.5
			马银花	4.0	5.0	6	1.3
2020	MTSZHGCC06	90	毛竹	11.2	15.4	925	8.5
			杉木	10.6	10.8	688	7.3
			细柄蕈树	5.3	7.6	794	4.7
			拟赤杨	9.6	18.9	325	7.2
			甜槠	9.9	12.2	150	6.1
			短柱柃	5.8	8.2	206	5.8
			木荷	8.2	12.2	150	6.1
			杨桐	4.4	6.9	156	4.4
			山乌桕	15.8	14.8	50	10.0
			短尾鹅耳枥	5.2	9.8	125	6.0
			密花山矾	4.8	6.3	125	3.8
			石栎	5.9	8.9	100	6.0
			罗浮柿	5.9	9.4	94	8.5

（续）

(续)

年份	观测场	郁闭度(%)	种名	平均胸径(厘米)	平均树高(米)	密度(株/公顷)	平均枝下高(米)
2020	MTSZHGCC06	90	少叶黄杞	6.0	6.9	88	5.0
			马尾松	22.2	16.0	19	10.7
			苦槠	7.5	10.4	56	5.1
			黑叶锥	9.3	10.0	44	5.0
			薄叶山矾	4.0	6.9	63	4.3
			虎皮楠	10.4	14.2	25	5.0
			中华杜英	9.2	12.2	25	4.7
			青冈	3.8	7.3	44	5.2
			木姜叶柯	6.1	7.3	31	3.0
			野漆	8.7	16.7	19	9.5
			蕈树	8.2	12.0	19	4.5
			细枝柃	3.2	5.1	31	4.2
			光叶山矾	4.7	7.0	25	3.7
			紫果槭	3.0	6.0	25	5.7
			山蜡梅	2.8	5.9	25	4.6
			日本杜英	9.1	10.0	13	9.0
			红楠	8.0	11.0	13	7.0
			乳源木莲	4.3	7.7	19	5.0
			杨梅叶蚊母树	3.1	8.2	19	6.5
			杨梅	4.9	5.2	19	1.3
			石木姜子	5.9	10.5	13	5.4
			冬青	6.7	6.3	13	4.0
			厚皮香	4.0	6.1	13	4.7
			小叶青冈	8.5	14.0	6	1.5
			小果冬青	5.6	12.0	6	6.0
			香桂	5.2	11.0	6	8.0
			雷公鹅耳枥	6.0	9.2	6	3.5
			檵木	4.3	9.0	6	6.0
			野柿	4.0	8.0	6	6.0
			秀丽四照花	3.6	8.0	6	6.0
			小叶石楠	4.4	6.7	6	1.5
			长柄紫果槭	2.7	6.0	6	3.2
2020	MTSZHGCC07	75	枫香	11.8	11.1	750	8.4
			木荷	12.8	11.0	263	9.6
			拟赤杨	11.5	9.5	44	7.7
			乌桕	32.0	16.0	6	10.0
			盐肤木	8.6	8.5	19	6.2
			山樱花	12.0	11.0	6	6.5
			山苍子	3.5	9.0	6	6.0
			杨桐	7.1	5.7	6	3.7

(续)

年份	观测场	郁闭度(%)	种名	平均胸径(厘米)	平均树高(米)	密度(株/公顷)	平均枝下高(米)
2020	MTSZHGCC07	75	红楠	4.3	6.2	6	3.0
2020	MTSZHGCC08	90	拟赤杨	14.5	15.8	313	12.3
			杉木	12.9	10.4	269	6.8
			苦槠	26.7	14.0	75	7.4
			青冈	5.7	7.4	294	4.7
			细柄蕈树	8.3	9.1	238	4.5
			甜槠	12.1	11.8	125	5.4
			少叶黄杞	9.5	9.4	150	4.0
			山苍子	8.4	10.0	94	8.3
			矩叶鼠刺	6.1	7.9	100	3.2
			黑叶锥	8.8	7.9	81	5.3
			山杜英	8.1	9.3	69	4.2
			山乌桕	30.0	17.1	13	12.0
			短柱柃	5.6	7.1	56	4.2
			蕈树	6.3	5.9	56	1.8
			米槠	39.8	16.0	6	6.0
			木姜叶柯	5.6	6.4	50	3.2
			薄叶山矾	7.9	9.9	38	4.6
			茜树	4.5	6.4	50	3.4
			杨桐	4.9	6.6	44	2.8
			木荷	12.3	8.4	25	5.3
			石木姜子	8.8	6.3	31	2.0
			中华杜英	7.5	7.6	31	3.8
			毛竹	11.4	14.4	19	7.5
			厚皮香	5.3	8.6	31	4.1
			弯蒴杜鹃	6.9	8.3	25	4.8
			浙江柿	12.8	15.5	13	12.1
			南酸枣	19.3	17.2	6	14.0
			栲树	20.2	15.0	6	11.0
			野漆	7.8	11.5	13	10.0
			赛山梅	2.5	6.7	19	4.2
			桃叶石楠	3.7	6.1	19	2.3
			秀丽锥	9.0	9.0	13	3.8
			黄牛奶树	8.4	8.5	13	3.2
			红楠	6.4	10.5	13	7.2
			檵木	4.8	7.4	13	2.0
			山矾	5.1	5.5	13	2.0
			秀丽四照花	10.7	15.0	6	14.0
			短梗冬青	10.0	15.0	6	12.0
			虎皮楠	2.8	6.0	13	3.5

(续)

年份	观测场	郁闭度（%）	种名	平均胸径（厘米）	平均树高（米）	密度（株/公顷）	平均枝下高（米）
2020	MTSZHGCC08	90	密花山矾	7.3	11.0	6	2.0
			老鼠矢	6.9	8.0	6	4.0
			罗浮柿	4.0	8.0	6	7.0
			香桂	4.0	7.0	6	2.5
			尖连蕊茶	3.0	6.0	6	2.0
			山苍子	3.1	5.5	6	4.3
2020	MTSZHGCC09	85	拟赤杨	20.1	15.3	363	11.6
			杉木	17.0	9.6	206	5.6
			红楠	10.7	9.5	200	3.9
			薄叶润楠	9.4	7.4	81	3.9
			枫香	11.1	11.2	56	6.5
			青冈	5.7	6.8	81	2.2
			红淡比	4.2	5.7	81	1.2
			栲树	9.2	9.4	50	4.7
			木姜叶柯	6.4	7.3	50	1.6
			狭叶四照花	4.6	5.6	50	2.7
			猴欢喜	6.2	7.1	38	2.5
			油桐	13.4	11.0	19	6.7
			臭椿	16.5	16.9	13	14.0
			虎皮楠	7.1	9.7	19	2.3
			杭州榆	6.0	7.0	19	3.4
			南酸枣	10.7	10.0	13	6.0
			毛豹皮樟	4.7	5.7	19	2.8
			短梗冬青	3.5	5.3	19	1.6
			光叶山矾	9.1	7.3	13	2.3
			甜槠	6.6	8.8	13	3.9
			山合欢	14.0	17.0	6	13.0
			杨桐	4.0	7.0	13	4.5
			紫弹朴	4.1	6.3	13	4.0
			石木姜子	4.8	5.8	13	4.3
			小叶青冈	12.8	12.0	6	4.0
			柔毛泡花树	13.5	11.0	6	5.0
			茜树	10.4	12.0	6	2.0
			中华杜英	12.4	8.4	6	5.4
			罗浮柿	8.6	11.0	6	8.0
			苦枥木	8.2	11.0	6	8.0
			棕榈	9.8	8.0	6	5.0
			黄丹木姜子	5.0	8.0	6	1.9
			中华卫矛	7.5	6.0	6	2.0
			细叶香桂	6.4	6.3	6	1.7

(续)

年份	观测场	郁闭度(%)	种名	平均胸径(厘米)	平均树高(米)	密度(株/公顷)	平均枝下高(米)
2020	MTSZHGCC09	85	厚壳树	4.8	7.0	6	5.0
			少花桂	4.7	6.7	6	2.5
			榕叶冬青	4.5	6.5	6	1.3
			黄檀	5.5	6.0	6	1.5
			浙江柿	3.1	7.0	6	6.0
			台湾冬青	5.2	6.0	6	1.0
			少叶黄杞	3.9	6.0	6	4.0
			红柴枝	3.7	6.0	6	1.5
			蓝果树	3.7	6.0	6	5.0
2020	MTSZHGCC10	80	毛竹	9.8	15.0	2194	8.3
			少叶黄杞	3.1	5.3	256	2.5
			拟赤杨	6.0	8.4	150	7.2
			杉木	15.5	11.2	13	4.0
			罗浮柿	3.2	5.5	38	3.5
			栲树	10.8	7.8	19	10
			秀丽四照花	5.3	6.1	25	5.0
			短柱柃	2.4	8.0	19	1.0
			石木姜子	3.4	5.7	13	1.9
			冬青	3.1	7.0	6	1.7
			西川朴	3.5	6.5	6	5.0
			野鸦椿	3.0	6.0	6	3.5
			八角枫	1.5	5.4	6	4.5

表5-4　2021年森林固定样地综合观测场乔木层特征

年份	观测场	郁闭度(%)	种名	平均胸径(厘米)	平树高(米)	密度(株/公顷)	平均枝下高(米)	平均冠幅(米×米)
2021	MTSZHGCC11	90	山蜡梅	3.1	5.5	1031	2.0	1.6×1
			拟赤杨	9.2	12.7	325	9.1	3.1×2
			杉木	14.7	11.8	163	7.8	2.5×2
			黑锥	7.2	7.8	306	4.1	2×3
			细柄蕈树	9.5	8.9	219	4.0	2×1.5
			虎皮楠	6.3	7.0	281	3.2	2×1
			青冈	5.2	6.3	306	3.2	2×2
			罗浮锥	6.6	7.7	150	4.3	3×2.5
			木荷	7.7	7.8	125	4.4	2×2
			甜槠	4.8	6.0	163	2.7	1.5×1.8
			木姜叶柯	6.0	8.3	138	5.1	3×4
			石栎	8.4	10.3	100	4.8	3×3
			矩叶鼠刺	3.4	8.9	131	2.6	1.5×2

（续）

年份	观测场	郁闭度（%）	种名	平均胸径（厘米）	平树高（米）	密度（株/公顷）	平均枝下高（米）	平均冠幅（米×米）
2021	MTSZHGCC11	90	黄丹木姜子	7.0	7.8	88	4.2	3×2.5
			光叶山矾	6.6	8.5	75	3.9	2.2×3
			细叶青冈	4.6	6.3	94	2.2	1×1.5
			云和新木姜子	3.6	6.4	100	3.6	1×1.2
			紫花含笑	3.3	6.0	81	2.7	3×2.5
			鹿角杜鹃	6.2	5.4	69	2.7	4×6
			薄叶山矾	2.7	6.5	100	2.6	1.2×1.5
			野漆	10.7	10.8	38	5.5	2×3
			乳源木莲	5.9	8.5	63	4.7	2.5×2
			树参	6.5	6.4	56	3.8	2×2
			山乌桕	13.8	14.9	25	8.8	3×3
			短柱柃	4.6	6.4	44	3.2	1.5×1.5
			红淡比	3.8	8.9	50	3.0	2.5×3
			小叶白辛树	17.9	18.8	13	16	5×4
			杨桐	3.9	6.6	50	2.1	1.5×2
			红楠	2.8	5.6	50	2.7	1.5×2
			马银花	6.6	7.0	31	1.6	5×4
			南酸枣	24.7	16.3	6	12	8×9
			日本杜英	5.2	6.7	38	3.9	3×3.5
			香桂	5.0	6.7	38	3.2	2×2
			茜树	3.7	6.0	31	2.4	1.5×2
			罗浮柿	5.6	6.7	31	3.9	1.5×2
			老鼠矢	4.9	5.2	19	3.5	2.1×3
			檵木	4.2	7.2	19	5.1	1×1
			厚皮香	6.4	7.2	19	2.6	2×2.5
			香港四照花	6.4	8.2	19	4.0	3×4
			深山含笑	6.4	10.7	19	7.7	2×2.5
			江南越橘	4.4	5.5	13	2.2	1.5×2
			杨梅	5.1	6.5	19	2.8	2×3
			短尾鹅耳枥	16.0	8.4	6	6.5	1×1
			少花桂	3.9	6.6	19	3.2	2×1.5
			亮叶厚皮香	6.6	10.3	13	4.5	3.2×2
			华南木姜子	5.0	7.0	13	2.2	2×1.5
			铁冬青	6.7	6.5	6	3.0	2.5×2.3
			中华杜英	3.0	5.8	13	4.0	2×1.5
			中华卫矛	5.4	7.0	6	5.0	3×3
			杜英	8.6	7.2	6	5.5	1.5×2
			密花梭罗	8.4	7.0	6	6.0	4×5
			乌饭树	7.8	11.0	6	2.3	3.2×2
			紫果槭	7.7	8.6	6	2.0	8×6

(续)

年份	观测场	郁闭度（%）	种名	平均胸径（厘米）	平树高（米）	密度（株/公顷）	平均枝下高（米）	平均冠幅（米×米）
2021	MTSZHGCC11	90	白檀	6.0	7.8	6	4.2	3.5×2.1
			多花泡花树	4.8	6.1	6	4.2	1.8×1.5
			赛山梅	2.5	5.2	6	4.0	1×1
			山杜英	1.7	5.8	6	4.0	1×1.2
			银钟花	2.9	7.7	6	5.8	2×3
			木姜子	2.7	6.5	6	4.3	2×1.3
			鸡仔木	2.8	7.8	6	6.0	1×1.1
			海桐山矾	2.3	7.6	6	6.2	1.8×2
2021	MTSZHGCC12	90	毛竹	11.5	14.7	681	10.2	1.2×1.2
			拟赤杨	14.5	13.2	275	8.1	4×3
			丝栗栲	11.6	8.6	269	4.3	3×4
			红楠	4.5	5.1	444	3.9	1×1
			枫香	36.3	14.6	50	8.9	8×9
			杉木	16.4	10.1	94	5.4	5.5×5
			米槠	5.1	5.8	200	3.5	3×5
			虎皮楠	9.1	7.7	106	4.2	2.5×3
			黑叶锥	10.3	7.6	88	5.4	3.5×2.5
			青冈	3.8	5.1	106	7.3	1.2×1
			南酸枣	19.5	13.2	31	6.9	4.5×5
			细柄蕈树	8.1	6.8	63	2.4	1.8×1.5
			香港四照花	5.1	6.3	69	3.7	4.5×5.5
			腺叶桂樱	6.8	7.0	38	3.3	3×3.5
			山樱花	8.0	7.9	31	3.9	3.5×5
			腋毛泡花树	2.4	5.4	38	4.3	0.5×0.3
			山桐子	16.0	13.0	13	9.0	10×8
			黄丹木姜子	3.0	5.4	31	4.3	5×7
			马尾松	24.8	18.0	6	8.0	1.5×1.5
			黄牛奶树	9.7	5.8	19	2.7	1×1.2
			猴欢喜	4.1	5.3	25	5.0	4.5×5.5
			南方红豆杉	8.5	6.0	19	1.8	4×5
			甜槠	13.0	8.5	13	4.0	6×4
			罗浮柿	2.5	5.1	25	4.5	1.5×1.2
			乌桕	19.9	13.0	6	9.0	6×7
			蓝果树	9.1	10.5	13	6.5	1.2×1
			高山锥	15.5	10.0	6	4.0	5×4
			树参	5.7	5.3	13	1.6	3.5×2
			灰叶稠李	12.3	12.4	6	9.0	7×8
			小叶青冈	4.2	5.3	13	2.6	1×2
			冬青	6.1	9.0	6	7.0	5×2
			伞花木	2.3	8.5	6	6.5	1.2×0.9

(续)

(续)

年份	观测场	郁闭度（%）	种名	平均胸径（厘米）	平树高（米）	密度（株/公顷）	平均枝下高（米）	平均冠幅（米×米）
2021	MTSZHGCC12	90	紫弹朴	4.5	7.0	6	2.5	2×2
			长柄紫果槭	2.2	7.0	6	3.6	1×1
			多花泡花树	2.9	6.0	6	3.5	0.5×0.5
	MTSZHGCC13	90	甜槠	8.0	7.7	1594	3.9	5×4
			厚皮香	4.0	5.7	650	3.5	4×4
			拟赤杨	11.4	11.7	238	8.5	4×5
			赤楠	3.8	5.4	450	2.7	3×4
			野漆	8.0	10.4	188	7.1	4×4
			中华杜英	8.2	8.0	194	3.9	4×4
			黑叶锥	7.4	7.7	188	5.5	3×3
			矩叶鼠刺	2.8	5.2	313	2.6	1.5×1.5
			日本杜英	13.3	9.9	94	3.8	5×5
			马银花分枝	3.8	5.3	219	2.1	4×4
			杉木	15.9	9.9	56	7.6	7×7
			少叶黄杞	5.9	7.3	150	5.1	3×4
			木荷	5.4	7.2	156	4.8	4×4
			苦槠	23.4	5.7	31	2.8	3×3
			木姜叶柯	6.2	6.4	131	4.4	3×3
			青冈	3.9	5.9	150	4.9	2×3
			黄牛奶树	12.2	11.2	44	6.2	6×7
			细柄蕈树	5.3	6.6	88	5.2	3×3
			罗浮柿	5.6	8.1	75	4.8	4×3
			细叶青冈	4.7	6.0	88	2.6	4×4
			云和新木姜子	3.6	6.4	88	3.0	3×3
			石栎	5.2	6.3	75	6.1	4×4
			毛竹	11.2	12.1	31	7.6	1.5×1.5
			紫花含笑	3.3	5.1	69	1.4	2×2.5
			小叶青冈	4.5	6.1	56	5.5	3×3
			满山红	4.5	5.6	56	1.6	2×3
			黄丹木姜子	3.5	5.2	63	3.1	5×5
			树参	9.2	7.7	31	3.6	6×6
			厚叶冬青	7.2	7.5	31	1.8	4×5
			香桂	6.9	7.4	31	3.3	3×5
			杨梅	8.4	7.6	25	2.5	4×5
			光叶石楠	2.4	5.4	31	2.8	3×3
			虎皮楠	8.1	8.5	13	4.0	4×4
			少花桂	3.6	6.9	19	2.8	3×3
			密花树	2.4	7.0	19	1.9	2×2
			小果南烛	4.2	5.5	19	1.8	1×1
			山乌桕	6.2	9.5	13	8.3	6×6

(续)

年份	观测场	郁闭度（%）	种名	平均胸径（厘米）	平树高（米）	密度（株/公顷）	平均枝下高（米）	平均冠幅（米×米）
2021	MTSZHGCC13	90	庆元冬青	9.7	8.7	6	2.0	5×4
			杜英	10.3	8.0	6	6.5	5×5
			乌桕	5.6	8.0	6	7.5	3×3
			蓝果树	5.1	7.0	6	4.0	2×2
			中华石楠	2.8	7.0	6	1.8	2×1
	MTSZHGCC14	85	白花泡桐	21.2	17.5	6	13.0	7×9
			檫木	15.3	14.0	6	11.0	4×3.8
			赤楠	2.8	6.0	13	3.5	1.2×1.2
			冬青	1.6	4.5	6	2.4	0.5×0.5
			短柱柃	3.9	6.5	694	4.4	2×3
			光叶山矾	4.6	5.3	39	2.5	2×1.5
			杜英	6.3	9.7	85	6.9	2×2
			光叶石楠	8.6	7.9	6	3.5	5×5
			黑叶锥	11.0	12.4	124	9.0	4×5
			猴欢喜	1.3	2.7	13	1.6	1×1.5
			密花山矾	5.3	7.0	208	3.5	4×5
			黄牛奶树	13.5	14.2	150	9.4	5×6
			虎皮楠	6.8	9.4	75	6.2	4×4
			栲	10.5	9.6	13	8.0	6×7
			苦槠	7.4	7.8	88	2.5	2×2.5
			毛竹	12.1	16.5	696	10.5	1.5×1.3
			拟赤杨	9.5	14.7	832	11.9	3×4
			日本杜英	3.7	6.6	6	3.7	3×3
			矩叶鼠刺	3.9	16.8	13	2.5	3×3
			黄绒润楠	4.9	8.1	75	4.8	3×2.5
			山杜英	4.1	6.7	25	5.0	1×1.5
			米槠	11.6	12.6	75	7.4	2×1
			山乌桕	11.5	14.6	31	12.5	5×5
			黄毛冬青	3.7	5.9	56	3.3	1.5×2
			格药柃	3.5	5.8	56	3.7	3×2.5
			桃叶石楠	4.0	6.4	6	2.0	2.5×3
			乳源木莲	4.9	5.6	6	2.5	3×3
			罗浮柿	5.4	8.9	254	6.2	2×3
			杉木	11.0	12.5	1157	9.2	3×3
			少叶黄杞	5.68	8.5	767	5.5	2×2
			青冈	6.1	8.4	6	5.6	5×4
			厚皮香	2.8	5.2	31	2.6	3×3
			秀丽锥	6.1	8.5	31	3.0	2×3
			赛山梅	3.6	7.2	52	5.5	2×2
			红淡比	4.0	6.0	31	2.7	3×3.5

(续)

年份	观测场	郁闭度(%)	种名	平均胸径（厘米）	平均树高（米）	密度（株/公顷）	平均枝下高（米）	平均冠幅（米×米）
2021	MTSZHGCC14	85	石栎	4.3	8.6	19	6.4	3×5
			木荷	9.8	14.0	215	10.4	4×5
			甜槠	12.6	12.7	19	10.3	6×7
			山苍子	7.0	11.4	13	4.0	4×3.5
			小果石笔木	7.5	11.3	13	5.0	4×5
			水团花	2.6	5.7	13	2.6	3×3
			鹿角杜鹃	7.8	7.0	6	3.2	3×3.5
			细叶青冈	4.1	6.5	6	4.0	3×3
			杨桐	3.6	6.1	351	4.2	2×2.5
			野漆	5.3	9.9	21	7.7	1.5×2
			腺叶桂樱	3.5	6.0	6	4.5	0.8×0.8
			木姜叶柯	6.2	9.5	72	5.4	3×2
			细柄蕈树	4.7	6.0	267	2.9	2×2.5
			绿冬青	4.8	8.0	6	2.0	3×4
			小叶青冈	4.1	7.6	6	4.0	3×3
			杨梅	4.3	7.7	19	4.7	2×2
			银钟花	7.2	11.3	13	5.8	4×5
			长柄紫果槭	4.6	5.2	31	3.0	1.5×1.5
			油茶	2.4	5.5	6	3.0	1.5×1
	MTSZHGCC15	90	杉木	20.2	14.1	869	6.9	7×6
			马尾松	21.3	17.1	156	10.3	7×7
			檵木	3.9	6.1	231	1.9	4×3
			枫香	5.8	8.2	81	4.6	5×6
			拟赤杨	7.8	9.2	50	5.8	3×3
			黄檀	3.4	8.0	50	3.5	3×3
			油桐	4.9	5.4	38	3.3	3×3
			椤木石楠	4.3	5.8	31	1.7	2×2
			苦楝树	9.9	13.8	13	5.0	3×4
			盐肤木	8.1	6.7	6	4.0	5×4
			野鸦椿	4.7	7.0	6	2.0	4×4
			楤木	5.8	6.5	6	4.0	2×3
			山苍子	6.8	6.0	6	3.0	3×3
			檫木	5.4	6.0	6	3.0	4×4
			山矾	4.7	5.8	6	1.0	4×4
			杜虹花	1.5	5.8	6	3.2	1×1
	MTSZHGCC16	90	杉木	15.7	14.1	1844	7.9	4×4
			檵木	6.5	8.4	238	4.2	3×3
			拟赤杨	9.9	14.7	150	9.7	5×6
			油桐	5.2	6.3	169	3.6	1.5×1
			马尾松	42.2	18.0	6	10.0	8×8

(续)

（续）

年份	观测场	郁闭度（%）	种名	平均胸径（厘米）	平树高（米）	密度（株/公顷）	平均枝下高（米）	平均冠幅（米×米）
2021	MTSZHGCC16	90	黄檀	3.3	5.9	44	3.5	2×2
			白背叶	4.0	7.9	38	3.8	3×3.5
			枫香	5.5	6.4	38	2.5	5×6
			木蜡树	3.4	6.8	38	4.4	2×2
			苦槠	5.1	5.8	31	1.7	3×3
			落萼叶下珠	4.9	7.4	19	3.5	2.5×3
			糙叶树	10.4	11.9	13	5.9	5×5
			樟树	14.5	15.0	6	6.0	4×6
			杨梅	7.0	5.5	13	2.0	4×3
			山苍子	3.9	6.2	13	1.6	5×2
			红果山胡椒	8.2	7.3	6	2.0	2.5×3
			盐肤木	5.0	7.5	6	5.0	3×4
			山桐子	3.5	6.5	6	5.0	4×1
			光叶石楠	4.0	5.3	6	1.2	3×3
			山胡椒	2.7	5.1	6	2.0	2.5×3
	MTSZHGCC17	90	枫香	11.7	15.1	1250	8.4	5×6
			毛竹	9.9	16.5	131	7.8	3×4
			油桐	8.0	8.5	13	4.0	5×6
			梍木	20.4	18	6	12.0	6×6
			拟赤杨	9.0	15	6	12.0	4×4
			杭州榆	3.2	5.3	6	1.5	3×3
			木蜡树	3.2	5.4	6	4.8	1×1
			苦楝树	5.5	7	6	2.0	5×4
			杨桐	3.7	6	6	3.0	3.5×3
	MTSZHGCC18	85	枫香	11.4	14.5	1681	9.7	5×5
			木荷	16.9	12.2	63	3.1	6×7
			马尾松	13.9	10.9	56	6.9	3×4
			拟赤杨	12.1	16.0	6	8.0	4×4
	MTSZHGCC19	90	毛竹	11.5	14.1	706	8.7	3×3
			拟赤杨	4.4	7.0	125	5.6	1.5×2
			杉木	8.3	6.2	81	4.7	3×4
			枫香	17.8	15.0	13	8.5	5×6
			蓝果树	22.5	16.0	6	7.0	6×7
			罗浮柿	2.5	5.5	25	2.5	2×3
			乳源木莲	3.1	6.0	19	3.7	2×2
			木荷	3.7	5.2	19	3.6	3×3
			尖连蕊茶	2.2	5.2	13	2.2	1.5×2
			华桑	5.0	6.0	6	4.5	4×5
			薄叶山矾	2.4	5.5	6	4.5	2×2

(续)

年份	观测场	郁闭度(%)	种名	平均胸径(厘米)	平树高(米)	密度(株/公顷)	平均枝下高(米)	平均冠幅(米×米)
2021	MTSZHGCC20	90	杉木	32.4	14.4	188	10.3	4×4
			马尾松	46.7	17.0	94	13.9	7×7
			树参	11.6	8.7	188	3.8	5×5
			南酸枣	81.6	9.0	19	7.5	3×4
			虎皮楠	9.8	12.5	113	8.9	5×5
			红楠	9.4	7.7	125	4.9	3×3
			秀丽四照花	8.9	8.0	119	3.5	5×6
			石栎	4.8	6.1	69	2.9	5×5
			赛山梅	7.9	7.3	56	4.4	2×2
			日本杜英	9.2	7.6	50	3.2	1×1
			红柴枝	4.6	6.4	56	4.7	3×5
			木荷	43.8	16.5	13	9.5	6×7
			云和新木姜子	4.8	6.7	50	5.0	4×4
			甜槠	9.4	7.4	44	3.3	3×2
			梓	10.0	8.9	31	5.7	3×4
			拟赤杨	21.9	12.7	19	9.4	8×8
			山矾	11.2	5.4	31	2.5	3×3
			豹皮樟	5.9	6.8	31	4.4	4×4
			野漆	11.3	7.1	25	5.5	3×2
			粉叶柿	40.0	17.0	6	13.0	8×7
			小紫果槭	6.5	7.8	19	6.0	2×2
			毛八角枫	6.9	7.2	19	5.7	2×2
			黄丹木姜子	7.8	6.4	19	4.5	4×4
			尖连蕊茶	3.2	5.2	19	2.1	4×4
			少花桂	10.8	6.5	13	3.0	4×4
			黄檀	7.2	7.5	13	3.0	2×3
			薄叶山矾	5.8	7.0	13	2.3	2×2
			海通	5.3	6.0	13	3.5	5×6
			老鼠矢	5.0	6.0	13	2.8	3×4
			小叶石楠	2.9	5.9	13	3.5	3×2
			杨梅	5.3	5.5	13	2.6	5×5
			小果南烛	4.6	8.0	6	6.5	2×2
			粗糠柴	7.0	7.0	6	2.0	1×1
			川桂	3.5	7.0	6	6.0	2×3
			中华石楠	5.2	6.5	6	2.2	3×3
			格药柃	3.5	6.0	6	4.5	3×3
			糙叶树	3.2	5.8	6	3.0	1×2
			杨桐	3.5	5.5	6	3.8	2×3

森林固定样地综合观测场（MTSZHGCC01 至 MTSZHGCC20）灌木层特征见表 5-5。

表 5-5 森林固定样地综合观测场灌木层特征

年份	观测场	郁闭度（%）	种名	密度（株/公顷）	平均基径（厘米）	平均高度（米）
2020	MTSZHGCC01	35	紫楠	250	1.7	2.6
			钩栲	69	3.6	4.8
			油茶	163	1.4	3.0
			野含笑	88	1.6	3.1
			豆梨	13	5.6	2.2
			米槠	50	1.4	2.8
			山蜡梅	44	1.6	2.7
			红淡比	38	1.5	2.9
			黄绒润楠	31	2.4	1.2
			厚皮香	13	4.1	4.9
			檵木	31	1.3	3.4
			薄叶润楠	25	1.7	2.2
			苦槠	19	1.5	3.1
			乳源木莲	19	1.3	3.5
			笔罗子	13	2.1	4.9
			红楠	19	1.4	2.3
			台湾冬青	19	1.1	1.8
			甜槠	13	1.4	3.0
			密花山矾	13	1.5	2.8
			杨桐	13	1.1	3.3
			铁冬青	13	1.2	1.9
			豹皮樟	6	2.5	3.2
			矮冬青	6	1.7	4.0
			少花桂	6	2.0	3.0
			栲树	6	1.9	2.7
			香桂	6	1.6	3.2
			宜昌荚蒾	6	1.5	3.1
			疏花卫矛	6	1.5	2.3
			香港四照花	6	1.6	2.0
			青冈	6	1.3	2.4
			四川山矾	6	1.1	2.7
			浙江新木姜子	6	1.3	2.3
			猴欢喜	6	1.2	2.3
			茶	6	1.2	1.7
			水团花	6	1.0	2.0

(续)

年份	观测场	郁闭度(%)	种名	密度(株/公顷)	平均基径(厘米)	平均高度(米)
2020	MTSZHGCC02	50	尖连蕊茶	438	1.4	2.9
			红淡比	288	1.4	2.9
			青冈	144	1.3	2.9
			猴欢喜	106	1.4	2.8
			中华卫矛	19	4.8	4.8
			少叶黄杞	81	1.3	2.9
			黄绒润楠	75	1.2	3.3
			杨桐	19	3.7	4.0
			油茶	31	2.4	3.8
			榕叶冬青	13	4.2	5.0
			川桂	31	2.1	3.0
			锐尖山香圆	44	1.2	3.3
			厚皮香	38	1.5	3.6
			台湾冬青	44	1.2	2.0
			杭州榆	25	1.8	4.4
			木姜叶柯	38	1.2	2.8
			野含笑	31	1.6	2.5
			米槠	31	1.3	3.0
			赤楠	31	1.2	3.0
			红楠	6	4.7	3.0
			宁波木樨	19	2.0	3.0
			短柱柃	31	1.0	2.3
			紫楠	25	1.2	3.1
			少花桂	19	1.7	3.5
			短尾鹅耳枥	19	1.3	4.5
			赛山梅	19	1.5	3.7
			西川朴	13	2.3	4.5
			薄叶山矾	13	2.2	3.1
			毛冬青	19	1.1	2.4
			紫弹树	13	1.4	3.7
			红皮树	13	1.5	3.0
			黄丹木姜子	13	1.4	2.6
			厚叶冬青	13	1.3	2.5
			矩叶卫矛	13	1.0	3.2
			石木姜子	13	1.0	2.9
			栀子	13	1.0	2.8
			小果石笔木	6	2.0	4.5
			金豆	6	1.6	4.3
			石栎	6	1.6	3.1
			苦槠	6	1.6	3.1

(续)

(续)

年份	观测场	郁闭度(%)	种名	密度(株/公顷)	平均基径(厘米)	平均高度(米)
2020	MTSZHGCC02	50	短梗冬青	6	1.5	3.1
			狗骨柴	6	1.1	3.8
			香叶树	6	1.5	2.3
			光叶山矾	6	1.2	3.0
			苦槠	6	1.2	3.0
			虎皮楠	6	1.1	3.0
			山檀	6	1.1	3.0
			山鼠李	6	1.0	3.2
			甜槠	6	1.0	2.7
			油柿	6	1.1	2.5
			细叶香桂	6	1.0	2.6
			阔叶箬竹	6	1.0	2.5
			栲树	6	1.1	2.4
			豹皮樟	6	1.0	2.2
			黑叶锥	6	1.1	2.0
			青灰叶下珠	6	1.1	2.0
			乳源木莲	6	1.1	2.0
			中华杜英	6	1.0	2.1
			桃叶石楠	6	1.0	2.0
			尾叶山茶	6	1.0	1.9
			百齿卫矛	6	1.0	1.6
	MTSZHGCC03	60	赤楠	294	1.9	3.6
			厚皮香	231	1.7	3.1
			马银花	125	2.7	4.6
			满山红	88	2.9	4.8
			云和新木姜子	81	2.1	4.2
			矩叶鼠刺	75	2.1	4.6
			尖连蕊茶	81	1.8	4.4
			薄叶山矾	69	2.0	5.2
			甜槠	69	1.8	4.6
			黄绒润楠	81	1.8	2.9
			矮冬青	13	5.8	4.5
			青冈	19	4.4	3.8
			桃叶石楠	31	2.5	4.4
			石木姜子	38	1.8	4.5
			江南越橘	6	7.9	3.7
			密花树	31	2.0	2.5
			细叶香桂	19	2.8	5.0
			细叶青冈	25	1.5	4.8

（续）

年份	观测场	郁闭度（%）	种名	密度（株/公顷）	平均基径（厘米）	平均高度（米）
2020	MTSZHGCC03	60	黄绒润楠	25	1.6	4.4
			短尾越橘	13	3.7	4.9
			罗浮柿	13	2.5	4.9
			桃叶石楠	13	2.0	4.4
			花榈木	6	4.6	2.4
			尾叶冬青	13	1.9	4.5
			茜树	13	1.9	4.5
			厚叶冬青	19	1.2	2.3
			中华杜英	6	3.7	6.0
			木姜叶柯	6	3.7	4.5
			毛冬青	13	1.4	3.5
			石栎	13	1.1	3.3
			香港四照花	6	3.4	3.1
			狗骨柴	26	2.2	4.5
			石斑木	6	2.4	4.6
			密花山矾	6	2.3	4.5
			杨桐	6	2.5	2.6
			蓝果树	6	2.0	4.0
			疏花卫矛	6	1.0	3.2
			黄毛冬青	6	1.2	2.7
			栀子	12	2.2	5.4
			短梗冬青	6	1.1	2.1
			细柄蕈树	6	1.1	2.0
	MTSZHGCC04	35	水杉	181	4.5	4.3
			池杉	113	1.3	1.7
			大叶白纸扇	56	2.4	1.7
			油茶	44	2.0	2.9
			牡荆	69	1.1	1.4
			小蜡	50	1.2	1.5
			白棠子树	31	1.1	1.8
			茶	25	1.0	1.6
			枫香	19	1.7	1.5
			光叶山矾	13	1.4	2.3
			梅	13	1.4	1.7
			天仙果	6	3.0	4.0
			全缘粗叶榕	13	1.1	1.8
			杉木	6	1.2	2.0
			南酸枣	6	1.2	1.9

（续）

(续)

年份	观测场	郁闭度(%)	种名	密度(株/公顷)	平均基径(厘米)	平均高度(米)
2020	MTSZHGCC04	35	白背叶	6	2.0	1.0
			紫果槭	6	1.3	1.7
			乌药	6	1.0	1.6
			黄丹木姜子	6	1.0	1.4
			乌桕	6	1.5	1.0
			毛柄连蕊茶	6	1.0	1.2
			苦楝	6	1.0	1.0
	MTSZHGCC05	35	野含笑	88	2.6	2.7
			赤楠	63	3.6	2.4
			矩叶鼠刺	44	2.6	2.5
			厚叶冬青	31	3.2	2.3
			甜槠	31	3.4	1.7
			马银花	25	3.6	2.8
			香桂	25	2.7	4.1
			常绿荚蒾	31	2.6	2.0
			黄绒润楠	25	2.4	3.4
			厚皮香	19	3.7	3.0
			多穗石栎	19	2.8	4.2
			格药柃	19	2.9	3.0
			细柄蕈树	19	2.9	2.7
			黄牛奶树	13	3.3	4.5
			毛冬青	13	3.2	2.5
			刺毛越橘	13	3.3	1.7
			少叶黄杞	13	2.4	3.2
			窄基红褐柃	19	1.7	1.4
			杨桐	13	1.6	2.5
			尖连蕊茶	13	2.7	0.9
			红果吊樟	6	4.0	2.5
			石斑木	6	4.0	2.4
			酸味子	6	2.8	4.6
			朱砂根	13	1.5	1.3
			薄叶山矾	6	3.0	3.4
			大叶石斑木	6	4.0	0.9
			狗骨柴	6	2.2	4.0
			虎刺	6	0.6	4.5
			弯蒴杜鹃	6	2.5	2.5
			光叶山矾	6	2.5	2.0
			红楠	6	1.2	2.5
			黄丹木姜子	6	2.5	0.7
			百齿卫矛	6	0.5	2.1

（续）

年份	观测场	郁闭度(%)	种名	密度(株/公顷)	平均基径(厘米)	平均高度(米)
2020	MTSZHGCC05	35	中华野海棠	6	0.5	1.0
			罗浮柿	6	0.8	0.6
	MTSZHGCC06	50	细柄蕈树	375	2.4	2.5
			杨桐	150	2.7	2.4
			黄绒润楠	138	2.9	2.6
			油茶	100	2.7	2.6
			矩叶鼠刺	88	2.5	3.8
			杉木	113	1.7	2.4
			薄叶山矾	94	1.7	3.7
			厚叶冬青	69	2.9	3.4
			山蜡梅	81	2.1	3.5
			短柱柃	63	3.0	3.1
			尖连蕊茶	63	2.6	3.0
			细枝柃	56	2.7	2.8
			厚叶冬青	25	4.0	4.2
			少叶黄杞	44	2.7	1.9
			厚皮香	44	2.6	2.0
			木姜叶柯	44	1.7	3.3
			褐毛石楠	38	2.3	3.4
			马银花	25	3.3	4.1
			黄牛奶树	25	3.0	3.8
			青冈	25	2.7	4.1
			秀丽锥	19	3.7	3.1
			密花山矾	19	3.3	2.1
			桃叶石楠	13	4.4	2.2
			尖叶四照花	13	3.7	3.7
			长尾毛蕊茶	13	3.4	4.0
			毛冬青	19	2.5	2.0
			黑叶锥	19	2.6	1.1
			显脉冬青	6	5.3	5.0
			木荷	13	2.6	3.5
			光叶山矾	13	3.0	2.4
			甜槠	13	2.5	3.4
			石木姜子	13	2.3	3.0
			赤楠	13	3.0	1.4
			疏齿冬青	6	4.4	2.2
			短梗冬青	13	1.6	2.7
			蕈树	13	1.3	2.9
			红淡比	13	2.1	1.5
			窄基红褐柃	6	3.5	3.4

（续）

（续）

年份	观测场	郁闭度（%）	种名	密度（株/公顷）	平均基径（厘米）	平均高度（米）
2020	MTSZHGCC06	50	显脉冬青	6	3.1	4.3
			拟赤杨	6	3.1	3.5
			黄丹木姜子	6	3.8	1.3
			狗骨柴	6	3.2	2.8
			杨梅叶蚊母树	6	2.5	4.0
			罗浮柿	6	3.0	2.5
			香港四照花	6	2.5	3.0
			南岭山矾	6	2.2	3.2
			矮冬青	6	1.4	4.1
			白花苦灯笼	6	1.2	3.8
			黄毛冬青	6	1.3	2.0
	MTSZHGCC07	35	檵木	106	1.3	2.5
			拟赤杨	81	1.4	2.7
			紫薇	31	2.1	2.7
			枇杷	31	1.8	2.5
			枇杷叶紫珠	38	1.4	2.3
			枫香	25	1.8	2.3
			杨桐	25	1.2	2.5
			弯蒴杜鹃	25	1.4	1.9
			青冈	25	1.0	2.0
			罗浮柿	19	1.5	2.4
			桃叶石楠	19	1.2	2.2
			花榈木	6	3.2	3.0
			细枝柃	13	1.6	2.2
			木荷	13	1.4	2.4
			格药柃	6	2.6	3.8
			海金子	6	2.5	3.0
			薄叶润楠	13	1.2	1.9
			毛果枳椇	6	1.5	2.5
			盐肤木	6	1.5	2.2
			杭州榆	6	1.3	2.6
			构树	6	1.4	2.2
			乌桕	6	1.3	2.2
			红淡比	6	1.2	2.4
			杨梅	6	1.2	2.3
	MTSZHGCC08	50	野含笑	169	2.7	3.8
			油茶	156	1.8	2.8
			细柄蕈树	150	1.8	2.7
			尖连蕊茶	125	1.6	2.9
			油茶	44	3.5	4.6

（续）

年份	观测场	郁闭度(%)	种名	密度(株/公顷)	平均基径（厘米）	平均高度（米）
2020	MTSZHGCC08	50	黄绒润楠	88	1.6	3.0
			赤楠	63	2.2	4.4
			青冈	75	1.8	3.5
			山矾	69	2.1	3.1
			薄叶山矾	69	1.9	3.3
			蕈树	88	1.2	2.9
			杨桐	69	1.5	2.8
			矩叶鼠刺	63	1.6	2.9
			厚皮香	50	1.6	2.8
			水团花	19	3.3	3.8
			甜槠	25	2.3	4.1
			宜昌荚蒾	31	1.5	3.8
			短梗冬青	25	2.1	3.7
			檵木	31	1.5	3.1
			黑叶锥	25	2.0	3.4
			红淡比	31	1.6	2.6
			少叶黄杞	25	1.8	3.0
			茜树	25	1.6	3.5
			江南越橘	13	3.3	4.2
			马银花	19	2.2	3.3
			密花山矾	19	2.1	3.5
			短尾鹅耳枥	13	2.8	5.0
			异叶榕	13	2.7	4.3
			石木姜子	25	1.1	2.3
			短柱柃	19	1.7	3.0
			厚叶冬青	13	2.4	3.7
			木姜叶柯	19	1.4	2.4
			山杜英	13	1.9	4.2
			苦槠	13	2.0	3.4
			香港四照花	13	1.7	3.7
			木荷	13	2.0	2.8
			中华杜英	13	1.6	3.6
			铁冬青	6	3.3	5.0
			日本杜英	13	2.0	2.0
			细枝柃	13	1.4	3.1
			猴欢喜	13	1.7	2.3
			日本五月茶	13	1.3	2.7
			光叶山矾	6	2.5	4.5
			密花树	13	1.0	2.3
			秀丽锥	6	2.4	3.0
			黄毛冬青	6	1.8	4.2

（续）

(续)

年份	观测场	郁闭度（%）	种名	密度（株/公顷）	平均基径（厘米）	平均高度（米）
2020	MTSZHGCC08	50	疏花卫矛	6	2.0	3.7
			赛山梅	6	1.6	3.6
			大青	6	1.7	3.2
			栀子	6	1.2	4.0
			微毛柃	6	1.7	2.8
			枇杷叶紫珠	6	1.5	2.6
			弯蒴杜鹃	6	1.3	2.3
			刺毛越橘	6	1.4	2.0
			榉树	6	1.0	2.5
			红楠	6	1.3	1.8
			黄牛奶树	6	1.0	1.9
	MTSZHGCC09	45	细枝柃	244	3.4	3.8
			黄绒润楠	200	2.6	3.4
			油茶	106	2.1	2.5
			短梗冬青	100	2.0	2.7
			青冈	94	2.0	3.2
			红淡比	63	2.3	3.0
			尖连蕊茶	63	1.9	3.1
			木荷	31	3.7	3.5
			罗浮柿	31	2.1	3.3
			薄叶山矾	25	2.6	3.4
			锐尖山香圆	38	1.5	2.1
			铁冬青	25	1.6	3.0
			格药柃	19	2.5	3.6
			檵木	19	2.6	2.7
			红楠	19	2.1	3.4
			毛豹皮樟	19	2.1	2.8
			短柱柃	19	1.9	2.9
			茶	19	2.0	2.3
			石木姜子	19	1.9	2.3
			木姜叶柯	13	2.5	4.0
			山鼠李	13	2.8	3.0
			小叶青冈	19	1.1	2.2
			山苍子	6	4.4	5.0
			尖叶四照花	13	2.3	2.4
			厚叶冬青	6	3.6	5.0
			杭州榆	13	1.9	2.3
			宁波木樨	6	3.7	4.5
			山檀	13	1.2	3.2
			厚壳树	13	2.0	1.9
			栀子	13	1.6	2.2

（续）

年份	观测场	郁闭度（%）	种名	密度（株/公顷）	平均基径（厘米）	平均高度（米）
2020	MTSZHGCC09	45	微毛柃	6	3.2	5.0
			南酸枣	6	3.1	4.0
			小果十大功劳	13	1.5	1.5
			云山青冈	6	2.6	4.8
			大叶冬青	6	3.0	3.3
			水团花	6	2.1	4.6
			冬青	6	2.0	4.6
			中华杜英	6	2.8	2.5
			宜昌荚蒾	6	2.2	3.5
			女贞	6	1.6	4.2
			丝栗栲	6	2.0	2.7
			黄檀	6	1.4	3.2
			少叶黄杞	6	1.6	2.5
			鸡仔木	6	1.7	2.4
			江南越橘	6	1.6	2.1
			台湾冬青	6	1.6	1.8
			白花苦灯笼	6	1.2	1.8
	MTSZHGCC10	55	少叶黄杞	700	1.6	3.3
			拟赤杨	294	1.6	3.6
			黄绒润楠	119	1.5	2.9
			木荷	69	1.9	3.6
			光叶山矾	50	2.5	3.8
			猴欢喜	56	2.1	3.9
			短柱柃	75	1.5	3.1
			锐尖山香圆	88	1.2	2.7
			青冈	63	1.7	3.2
			红楠	50	1.9	3.4
			红皮树	38	2.4	4.1
			细枝柃	50	1.9	2.9
			尖连蕊茶	50	1.6	3.3
			小果山龙眼	56	1.4	2.8
			罗浮柿	50	1.5	3.3
			杨桐	50	1.3	3.0
			薄叶山矾	31	2.0	4.0
			茶	44	1.5	1.8
			红淡比	38	1.5	2.6
			杨梅	25	1.6	3.3
			乳源木连	19	2.0	4.2
			台湾冬青	25	1.6	2.8
			紫果槭	19	1.8	3.6

（续）

（续）

年份	观测场	郁闭度（%）	种名	密度（株/公顷）	平均基径（厘米）	平均高度（米）
2020	MTSZHGCC10	55	黄牛奶树	13	2.5	4.9
			厚皮香	19	1.7	3.6
			丝栗栲	19	1.5	3.7
			老鼠矢	13	2.6	2.2
			山檀	19	1.3	3.2
			檵木	13	2.1	3.9
			红柴枝	6	3.6	5.0
			石木姜子	13	1.8	4.0
			黄毛冬青	13	2.0	3.0
			秀丽锥	13	1.7	3.3
			尾叶冬青	19	1.0	2.2
			短梗冬青	19	1.0	1.9
			桃叶石楠	13	1.4	3.7
			厚壳树	13	1.6	2.8
			乳源木莲	6	2.9	4.5
			铁冬青	13	1.2	3.7
			椤木石楠	13	1.2	3.4
			笔罗子	13	1.5	2.0
			西川朴	6	1.6	4.2
			南酸枣	6	1.8	3.5
			水团花	6	1.8	3.4
			密花山矾	6	1.9	3.0
			中华杜英	6	1.8	3.1
			虎皮楠	6	1.5	3.8
			榕叶冬青	6	1.6	3.7
			枫香	6	1.8	2.4
			木姜叶柯	6	1.2	4.1
			野柿	6	1.7	2.3
			赛山梅	6	1.5	2.7
			粉叶柿	6	1.1	3.5
			格药柃	6	1.6	2.1
			刺毛越橘	6	1.1	3.3
			具毛常绿荚蒾	6	1.0	3.2
			腺叶桂樱	6	1.3	2.2
			鸡仔木	6	1.2	2.4
			紫弹朴	6	1.2	2.2
			甜槠	6	1.0	2.4
			大叶冬青	6	1.0	2.0
2021	MTSZHGCC11	55	山蜡梅	663	2.6	4.2
			黄绒润楠	138	2.3	4.5

（续）

年份	观测场	郁闭度(%)	种名	密度(株/公顷)	平均基径(厘米)	平均高度(米)
2021	MTSZHGCC11	55	细枝柃	69	4.3	4.5
			尾叶山茶	69	2.6	3.0
			厚叶冬青	44	2.7	3.2
			赤楠	44	2.7	3.2
			短梗冬青	25	2.6	4.8
			少叶黄杞	13	2.8	4.8
			窄基红褐柃	13	2.6	3.5
			乌药	13	2.3	3.3
			黄栀子	13	1.9	3.5
			芬芳安息香	6	4.0	4.9
			光叶石楠	6	3.2	5.0
			栲树	6	2.6	4.8
			栀子	6	2.5	3.7
			格药柃	6	1.9	4.1
			山橿	6	2.2	3.3
			短尾越橘	6	1.4	3.8
	MTSZHGCC12	60	油茶	419	2.2	3.4
			檵木	344	2.4	4.2
			杨桐	144	3.5	4.2
			短柱柃	119	3.6	4.5
			圆锥绣球	119	3.3	4.3
			格药柃	100	2.6	4.1
			野含笑	88	2.9	3.9
			乳源木莲	50	3.2	5.0
			绿冬青	63	2.4	3.5
			紫花含笑	56	2.5	4.1
			木荷	38	3.5	4.9
			细枝柃	31	3.7	3.1
			短梗冬青	44	2.0	3.4
			红淡比	25	3.0	4.1
			薄叶山矾	19	4.0	4.7
			米饭花	19	3.5	5.0
			黄檀	25	2.2	4.3
			木姜叶柯	25	2.0	3.6
			黑壳楠	13	3.4	4.5
			榕叶冬青	19	2.0	3.5
			苦槠	13	3.6	2.6
			尾叶山茶	13	2.1	5.0
			江南越橘	13	2.3	3.9
			厚皮香	13	2.4	3.5

（续）

（续）

年份	观测场	郁闭度(%)	种名	密度（株/公顷）	平均基径（厘米）	平均高度（米）
2021	MTSZHGCC12	60	宜昌荚蒾	13	1.5	4.7
			日本杜英	6	4.2	5.0
			厚叶厚皮香	6	4.0	5.0
			尾叶冬青	13	1.9	3.0
			少花桂	13	1.6	3.3
			野漆	6	3.2	5.0
			矩叶鼠刺	6	2.4	5.0
			红柴枝	6	2.5	4.5
			黄绒润楠	6	2.7	4.0
			映山红	6	1.9	4.0
			红果山胡椒	6	1.5	4.5
			少叶黄杞	6	1.8	4.0
			满山红	6	2.0	3.5
			光叶山矾	6	1.7	4.0
			厚叶冬青	6	2.0	3.0
			褐毛石楠	6	1.5	3.5
			山鼠李	6	1.6	3.2
			三花冬青	6	1.0	3.5
			鸡仔木	6	1.3	2.8
			铁冬青	6	1.7	2.5
			百齿卫矛	6	1.5	2.2
			矮冬青	6	1.1	2.5
	MTSZHGCC13	45	江南越橘	163	2.9	4.8
			黄绒润楠	113	2.3	4.7
			尖连蕊茶	106	2.4	3.8
			杨桐	75	3.2	4.5
			薄叶山矾	56	2.7	4.6
			短尾越橘	25	3.3	4.5
			栀子	38	2.2	2.6
			短梗冬青	25	3.0	4.3
			茜树	19	2.5	4.5
			石楠	6	6.5	5.0
			红楠	13	3.6	5.0
			矮冬青	6	5.5	5.0
			野含笑	13	3.0	4.1
			桃叶石楠	13	2.4	4.9
			台湾冬青	13	2.8	3.7
			红淡比	13	2.7	3.9
			常绿荚蒾	13	1.7	5.0
			密花山矾	13	1.3	1.9

（续）

（续）

年份	观测场	郁闭度（%）	种名	密度（株/公顷）	平均基径（厘米）	平均高度（米）
2021	MTSZHGCC13	45	尾叶山茶	6	2.2	4.4
			冬青	6	2.0	4.0
			毛冬青	6	1.3	3.5
			短柱柃	6	1.2	3.0
			紫果槭	6	1.2	2.1
			厚叶厚皮香	6	1.2	2.0
			格药柃	6	1.0	1.9
	MTSZHGCC14	40	短梗冬青	106	2.5	4.7
			细枝柃	88	2.7	4.1
			厚叶冬青	50	2.4	4.7
			密花树	38	1.9	3.8
			狗骨柴	31	1.5	3.9
			毛冬青	25	1.5	3.7
			薄叶山矾	19	1.9	4.6
			尾叶山茶	19	1.3	3.3
			茜树	13	1.9	4.4
			檵木	13	1.7	3.6
			黄栀子	13	1.3	3.3
			紫果槭	13	1.3	2.7
			刺毛越橘	6	2.5	4.8
			中华杜英	6	1.6	4.5
			弯蒴杜鹃	6	1.5	3.8
			台湾冬青	6	1.6	3.5
			紫花含笑	6	1.6	3.3
			白花苦灯笼	6	1.2	3.0
			枇杷叶紫珠	6	1.0	3.0
	MTSZHGCC15	30	檵木	213	3.2	4.6
			山胡椒	69	3.6	4.8
			格药柃	75	3.1	4.3
			秤星树	38	2.1	3.9
			油茶	6	5.3	4.5
			杨桐	6	4.1	5.0
			矩叶鼠刺	6	3.0	4.5
			宜昌荚蒾	6	2.8	4.8
			大叶白纸扇	6	2.2	4.0
			披针叶荚蒾	6	1.6	3.6
			铁冬青	6	1.6	3.5
	MTSZHGCC16	35	檵木	119	2.8	4.3
			格药柃	75	3.3	4.6
			油茶	63	2.4	4.4

（续）

（续）

年份	观测场	郁闭度（%）	种名	密度（株/公顷）	平均基径（厘米）	平均高度（米）
2021	MTSZHGCC16	35	秤星树	50	2.1	3.8
			山矾	19	2.6	4.3
			矩叶鼠刺	6	3.2	4.6
			白栎	6	2.2	4.5
			杨桐	6	2.2	3.5
			马银花	6	2.0	3.3
			披针叶荚蒾	6	1.5	3.8
	MTSZHGCC17	25	檵木	31	1.9	1.9
			格药柃	38	1.1	1.4
			小蜡	19	1.2	1.7
			棕榈	19	1.1	1.0
			杜虹花	13	1.2	1.6
			大叶白纸扇	13	1.2	1.7
			油桐	6	2.1	2.0
			山胡椒	13	1.0	1.2
			拟赤杨	6	1.1	2.0
	MTSZHGCC18	5	檵木	19	4.3	5.2
			格药柃	19	2.7	4.3
			小蜡	13	3.0	3.6
			杨桐	6	2.5	3.0
			山矾	6	2.0	3.5
	MTSZHGCC19	45	檵木	200	2.0	4.4
			红楠	125	3.0	4.7
			秀丽四照花	38	2.9	4.8
			油茶	44	1.5	3.1
			伞形绣球	19	2.1	2.9
			短梗冬青	19	1.7	2.8
			杨桐	13	2.1	3.8
			短柱柃	13	1.7	3.2
			刺毛越橘	13	1.4	3.6
			红淡比	13	1.8	2.4
			光叶山矾	6	2.1	3.7
			猴欢喜	6	2.1	3.5
			黄绒润楠	6	1.7	3.8
			厚皮香	6	1.1	2.3
	MTSZHGCC20	10	细枝柃	31	3.6	3.8
			短梗冬青	25	4.2	4.6
			香桂	31	2.6	4.0
			中华杜英	6	3.5	3.8
			栀子	6	2.4	4.0

森林固定样地综合观测场（MTSZHGCC11 至 MTSZHGCC20）草本层特征见表 5-6。

表 5-6　森林固定样地综合观测场草本层特征

年份	观测场	种名	平均高度（厘米）	盖度（%）	分布情况
2021	MTSZHGCC11	狗脊	25	5.6	集群分布
		沿阶草	28	1.0	集群分布
		江南卷柏	50	2.0	集群分布
		青绿薹草	18	4.0	集群分布
		黑莎草	23	9.0	集群分布
		翠云草	5	1.0	随机分布
		里白	52	20.3	集群分布
		薹草	15	0.8	集群分布
		芒	50	55.0	均匀分布
		寒兰	15	2.0	集群分布
	MTSZHGCC12	乌蕨	5	2.0	集群分布
		狗脊	22	3.0	集群分布
		黑莎草	20	6.0	集群分布
		里白	47	27.0	集群分布
		薹草	15	0.3	随机分布
		芒	50	55.0	集群分布
		沿阶草	28	1.0	集群分布
	MTSZHGCC13	狗脊	31	5.0	集群分布
		芒萁	25	4.0	集群分布
		黄杞	23	0.8	随机分布
		枸杞	30	3.0	集群分布
		杜茎山	32	4.3	集群分布
	MTSZHGCC14	黑莎草	30	1.0	集群分布
		扇叶铁线蕨	4	0.3	随机分布
		翠云草	5	0.4	集群分布
		狗脊蕨	30	3.4	集群分布
		里白	46	11.8	集群分布
		梭草	35	1.6	集群分布
		薹草	9	0.7	随机分布
	MTSZHGCC15	边缘鳞毛蕨	26	2.3	集群分布
		淡竹叶	45	1.3	集群分布
		狗脊蕨	36	7.2	集群分布
		黑足鳞毛蕨	38	4.8	集群分布
		芒萁	15	1.0	集群分布
		青绿薹草	35	2.0	集群分布

(续)

年份	观测场	种名	平均高度（厘米）	盖度（%）	分布情况
2021	MTSZHGCC15	求米草	25	0.5	随机分布
		梭草	28	1.0	集群分布
		蹄盖蕨	40	2.0	集群分布
		渐尖毛蕨	19	1.6	集群分布
		江南卷柏	40	2.0	集群分布
		金星蕨	38	3.0	集群分布
		阔鳞鳞毛蕨	38	2.3	集群分布
		直鳞肋毛蕨	5	2.0	集群分布
		稀羽鳞毛蕨	30	3.0	集群分布
	MTSZHGCC16	变异鳞毛蕨	30	2.0	集群分布
		淡竹叶	28	1.5	集群分布
		狗脊蕨	37	4.6	集群分布
		海金沙	10	0.2	随机分布
		黄芪	30	2.0	集群分布
		阔鳞鳞毛蕨	23	1.3	集群分布
		芒萁	25	1.0	集群分布
		青绿薹草	28	6.5	集群分布
		扇叶铁线蕨	15	0.6	随机分布
	MTSZHGCC17	边缘鳞盖蕨	32	2.7	集群分布
		翠云草	10	2.0	集群分布
		单叶双盖蕨	15	2.0	集群分布
		淡竹叶	23	3.3	集群分布
		狗脊蕨	43	5.0	集群分布
		红马蹄草	2	1.0	集群分布
		尖叶肾蕨	20	1.0	集群分布
		江南卷柏	12	4.5	集群分布
		接骨草	30	1.0	集群分布
		金星蕨	35	5.0	集群分布
		阔鳞鳞毛蕨	53	3.0	集群分布
		露珠草	15	0.5	集群分布
		七星莲	2	0.2	随机分布
		青绿薹草	33	6.9	集群分布
		求米草	9	3.2	集群分布
		金剑草	10	0.2	集群分布
		如意草	4	0.2	集群分布
		山脉马兰	28	2.0	集群分布
		十字薹草	30	4.0	集群分布
		台北艾纳香	18	0.8	集群分布

(续)

年份	观测场	种名	平均高度（厘米）	盖度（%）	分布情况
2021	MTSZHGCC17	胎生狗脊	65	5.0	均匀分布
		土牛膝	27	5.7	集群分布
		五节芒	50	6.0	集群分布
		稀羽鳞毛蕨	36	5.0	集群分布
		溪边蹄盖蕨	30	3.0	集群分布
		斜方复叶耳蕨	30	2.0	集群分布
		血见愁	5	0.2	随机分布
		千里光	30	1.5	集群分布
		夜香牛	40	1.0	集群分布
		鱼腥草	10	0.2	集群分布
	MTSZHGCC18	求米草	5	6.0	集群分布
		麦冬	4	2.0	集群分布
		血见愁	5	1.3	集群分布
		海金沙	11	1.8	集群分布
		青绿薹草	29	8.6	集群分布
		狗脊	35	10.0	集群分布
		渐尖毛蕨	15	1.0	随机分布
		黑鳞鳞毛蕨	15	1.0	集群分布
		灯心草	15	1.0	集群分布
	MTSZHGCC19	杜茎山	25	8.5	集群分布
		灰毛泡	15	4.0	集群分布
		矮桃	15	2.0	集群分布
		淡竹叶	14	4.5	集群分布
		山蚂蝗	15	15.0	集群分布
		青绿薹草	20	8.3	集群分布
		狗脊蕨	15	6.0	集群分布
		络石	8	2.0	集群分布
		江南卷柏	5	30.0	均匀分布
	MTSZHGCC20	青绿薹草	38	4.5	集群分布
		常绿悬钩子	15	1.0	集群分布
		狗脊蕨	30	2.0	集群分布

森林固定样地综合观测场（MTSZHGCC11 至 MTSZHGCC20）幼苗幼树特征见表 5-7。

表 5-7 森林固定样地综合观测场幼苗幼树特征

年份	观测场	种名	密度（株/公顷）	平均基径（厘米）	平均高度（厘米）
2021	MTSZHGCC11	薄叶山矾	25	0.7	140
		赤楠	75	0.4	73
		杜茎山	19	0.3	48

(续)

年份	观测场	种名	密度（株/公顷）	平均基径（厘米）	平均高度（厘米）
2021	MTSZHGCC11	短尾越橘	6	0.3	100
		狗骨柴	44	0.6	92
		枸骨	6	1.0	140
		光叶山矾	38	0.5	95
		光叶石楠	38	0.4	62
		光叶铁仔	63	0.2	25
		黑叶锥	63	0.8	93
		红淡比	13	0.4	80
		红楠	31	0.6	105
		厚皮香	19	0.4	52
		厚叶冬青	6	0.5	110
		虎皮楠	6	0.2	20
		黄丹木姜子	50	0.4	63
		黄绒润楠	19	0.5	75
		檵木	6	0.3	20
		矩叶鼠刺	6	0.6	150
		阔叶箬竹	256	0.7	152
		老鼠矢	6	0.5	120
		亮叶厚皮香	13	0.4	133
		鹿角杜鹃	19	0.7	40
		罗浮柿	6	0.3	55
		罗浮锥	19	0.3	73
		木荷	50	0.3	55
		木姜叶柯	25	0.2	75
		青冈	50	0.4	100
		日本五月茶	6	1.0	120
		乳源木莲	19	0.7	143
		箬竹	38	0.5	160
		三叶赤楠	13	0.8	50
		山蜡梅	219	0.4	76
		杉木	19	0.2	20
		少叶黄杞	13	0.6	135
		石栎	6	1.3	130
		甜槠	13	0.4	130
		尾叶山茶	94	0.8	79
		乌药	13	0.3	80
		细柄蕈树	6	1.0	170
		细叶青冈	13	0.2	50
		细枝柃	50	0.8	146
		杨梅	19	0.3	15
		杨桐	25	0.3	70

（续）

(续)

年份	观测场	种名	密度（株/公顷）	平均基径（厘米）	平均高度（厘米）
2021	MTSZHGCC11	野含笑	6	0.6	110
		窄基红褐柃	100	0.6	110
		朱砂根	19	0.4	62
	MTSZHGCC12	乌药	25	0.3	40
		锈毛莓	6	0.5	50
		格药柃	6	0.5	60
		杜茎山	6	0.4	30
		短柱柃	19	0.5	45
		黑叶锥	13	1.2	30
		红楠	19	0.6	72
		虎皮楠	6	0.2	26
		檵木	56	1.4	163
		拟赤杨	31	0.7	120
		杨桐	38	0.4	75
		甜槠	19	0.4	130
		木荷	75	0.4	55
		阔叶箬竹	88	0.7	145
		黄丹木姜子	13	0.4	53
		山蜡梅	44	0.4	74
		黄绒润楠	44	0.6	56
		薄叶山矾	25	0.7	141
		红楠	6	0.5	101
	MTSZHGCC13	薄叶山矾	150	0.6	78
		赤楠	100	0.4	64
		格药柃	25	0.5	53
		狗骨柴	13	1.1	170
		光叶山矾	13	0.4	35
		褐毛石楠	13	1.0	130
		厚皮香	281	0.4	34
		厚叶冬青	13	0.8	80
		黄丹木姜子	44	0.6	60
		黄牛奶树	69	0.4	30
		黄绒润楠	175	0.6	54
		檵木	13	0.8	80
		江南越橘	44	0.2	15
		老鼠矢	13	0.6	45
		马银花	31	1.0	115
		满山红	6	0.5	50
		毛冬青	6	1.0	170
		木荷	63	0.4	40
		木姜叶柯	13	0.3	45

(续)

(续)

年份	观测场	种名	密度（株/公顷）	平均基径（厘米）	平均高度（厘米）
2021	MTSZHGCC13	乳源木莲	13	0.4	45
		山血丹	25	0.6	30
		少叶黄杞	31	0.4	28
		甜槠	156	0.4	46
		乌药	281	0.3	39
		细叶青冈	6	0.3	40
		细枝柃	31	0.6	68
		小叶石楠	19	0.9	90
		杨桐	100	0.6	66
		云和新木姜子	19	0.9	155
		硃砂根	44	0.4	40
	MTSZHGCC14	薄叶山矾	13	0.7	85
		笔罗子	6	0.3	30
		常绿荚蒾	13	1.4	185
		赤楠	50	0.6	72
		刺毛越橘	13	1.2	190
		杜茎山	244	0.3	36
		短梗冬青	6	1.2	170
		狗骨柴	19	0.8	77
		黑叶锥	13	1.2	30
		厚叶冬青	25	1.1	105
		虎皮楠	6	0.2	30
		黄丹木姜子	25	0.4	87
		黄牛奶树	31	0.4	34
		黄绒润楠	31	1.0	47
		檵木	6	0.4	120
		栲树	6	0.5	110
		苦槠	6	0.2	30
		毛冬青	63	1.1	150
		米槠	6	0.3	30
		密花山矾	19	0.9	150
		密花树	13	1.2	200
		木荷	13	0.4	40
		木姜叶柯	31	0.7	76
		宁波木樨	6	0.3	35
		刨花楠	6	1.1	170
		青冈	6	0.3	60
		庆元冬青	6	1.5	40
		榕叶冬青	6	1.0	120
		山血丹	50	0.5	44
		少花桂	38	0.4	50

(续)

年份	观测场	种名	密度（株/公顷）	平均基径（厘米）	平均高度（厘米）
2021	MTSZHGCC14	少叶黄杞	131	0.6	79
		石栎	31	0.3	42
		弯蒴杜鹃	13	0.2	30
		尾叶冬青	6	2.0	170
		尾叶山茶	13	0.8	103
		细柄蕈树	44	1.0	173
		细枝柃	31	0.8	113
		小果冬青	6	1.4	55
		杨桐	19	0.7	105
		野含笑	13	1.2	120
		窄基红褐柃	44	0.9	98
		紫果槭	6	1.0	60
	MTSZHGCC15	白背叶	6	0.5	50
		秤星树	38	1.3	170
		杜虹花	63	0.7	148
		格药柃	25	1.0	45
		华紫珠	6	0.6	50
		黄丹木姜子	6	1.2	180
		黄檀	6	1.3	230
		檵木	119	1.4	163
		苦槠	13	0.6	150
		披针叶荚蒾	6	1.6	200
		山矾	6	0.4	35
		山櫧	44	1.0	170
		桃叶石楠	6	0.4	60
		乌饭	19	1.3	210
		杨桐	6	1.5	50
		油茶	38	1.3	150
		棕榈	13	0.6	130
	MTSZHGCC16	白背叶	13	0.4	48
		白玉兰	6	0.6	130
		豹皮樟	6	0.3	30
		秤星树	50	1.1	157
		赤楠	6	1.0	120
		杜茎山	19	0.4	30
		杜鹃花	6	0.8	60
		枫香	13	1.3	160
		格药柃	31	1.0	120
		狗骨柴	6	0.5	60
		光叶石楠	6	1.4	160
		广东紫珠	13	0.3	60

（续）

(续)

年份	观测场	种名	密度（株/公顷）	平均基径（厘米）	平均高度（厘米）
2021	MTSZHGCC16	黄檀	6	1.6	200
		灰毛泡	56	0.3	30
		檵木	169	1.1	169
		马银花	6	3.0	210
		拟赤杨	6	0.6	170
		披针叶荚蒾	31	1.1	185
		山胡椒	31	0.8	84
		山檀	100	0.7	130
		算盘子	6	1.0	50
		乌药	31	0.4	73
		杨梅	13	1.2	150
		宜昌荚蒾	6	0.4	25
		油茶	169	1.2	155
		油桐	13	0.5	160
		窄基红褐柃	6	1.0	160
		株砂根	6	0.3	20
	MTSZHGCC17	大叶白纸扇	19	0.9	147
		杜虹花	13	1.2	160
		格药柃	44	1.0	136
		檵木	25	1.6	195
		尼泊尔鼠李	6	0.8	130
		拟赤杨	6	1.1	200
		山胡椒	13	1.0	115
		小槐花	6	0.3	25
		小蜡	50	1.1	138
		油桐	13	0.5	160
		中国绣球	13	1.4	130
		棕榈	19	1.1	105
	MTSZHGCC18	白背叶	6	0.6	60
		白马骨	38	0.4	45
		薄叶山矾	6	0.6	110
		秤星树	25	1.2	193
		豆腐柴	6	1.2	150
		杜茎山	13	0.4	55
		格药柃	88	0.9	118
		构棘	6	1.6	170
		光叶山矾	6	1.1	180
		檵木	144	1.2	165
		椤木石楠	6	2.1	300
		木蜡树	6	0.6	110
		山胡椒	25	1.3	163

(续)

年份	观测场	种名	密度（株/公顷）	平均基径（厘米）	平均高度（厘米）
2021	MTSZHGCC18	山檀	31	0.8	113
		细枝柃	6	0.4	30
		杨梅	6	1.3	130
		杨桐	13	1.5	110
		油茶	50	1.2	140
		油桐	6	0.4	50
	MTSZHGCC19	白马骨	69	0.2	22
		豹皮樟	19	0.2	25
		茶	94	0.9	70
		赤楠	19	0.3	35
		杜鹃	6	0.9	130
		短柱柃	19	0.5	45
		枫香	63	0.2	18
		格药柃	31	0.8	60
		红楠	13	0.5	35
		厚皮香	31	0.2	25
		黄丹木姜子	13	0.7	40
		檵木	25	0.4	30
		罗浮柿	25	0.5	30
		青冈	13	0.3	20
		乳源木莲	38	0.6	42
		伞形绣球	200	0.2	18
		山檀	13	1.5	300
		杉木	13	0.4	40
		算盘子	6	0.6	60
		乌药	19	0.7	70
		杨梅	6	0.9	110
		油茶	31	1.0	85
	MTSZHGCC20	薄叶山矾	31	0.4	45
		刺毛越橘	19	0.8	110
		短梗冬青	25	0.9	85
		格药柃	13	0.5	100
		光叶石楠	31	0.6	80
		红柴枝	25	0.8	70
		黄丹木姜子	6	0.4	25
		尖连蕊茶	25	0.4	48
		矩叶鼠刺	19	0.3	75
		阔叶箬竹	2206	1.0	150
		光叶山矾	19	0.5	110
		蔓胡颓子	13	0.3	30
		密花树	13	0.2	40

(续)

(续)

年份	观测场	种名	密度（株/公顷）	平均基径（厘米）	平均高度（厘米）
2021	MTSZHGCC20	甜槠	50	0.7	62
		细枝柃	56	0.4	33
		秀丽四照花	13	0.2	35
		云和新木姜子	13	0.2	25

5.2 群落生物量、碳储量数据集

5.2.1 概述

本数据集包括江西马头山站建立的常绿阔叶林、针阔混交林、落叶阔叶林、暖性针叶林、竹林等20个森林固定样地综合观测场（MTSZHGCC01至MTSZHGCC20）群落乔木层蓄积量、生物量、碳储量数据。

5.2.2 数据采集和处理方法

参照《森林生态系统长期定位观测方法》（GB/T 33027—2016）中7.3.3.2的方法，其中乔木层蓄积量观测采用一元材积表法，在所选样地内，进行每木调查。根据每木调查结果，分树种分径阶统计株树，用径阶中值在选用的一元材积表上查出各径阶单株平均材积值，径阶平均材积乘以径阶林木株树，得到径阶材积，各径阶材积之和为该树种标准地林分蓄积量，各树种的林分蓄积之和为标准林分总蓄积量。参照《森林生态系统碳储量计量指南》（LY/T 2988—2018）附表，利用林分生物量与木材材积比值的平均值（$BCEF$：生物量扩展系数），乘以该森林类型的总蓄积量，得到该类型森林的总生物量。

植被碳储量观测方法参照《森林生态系统长期定位观测方法》（GB/T 33027—2016）中7.3.4.4的方法，其中乔木层碳储量采用蓄积量法，计算公式如下：

$$C = (V \times BCEF) \times (1+R) \times CF \tag{5-1}$$

式中：C——乔木层单位面积碳储量（吨/公顷）；

V——乔木层蓄积量（立方米/公顷）；

$BCEF$——生物量扩展系数；

R——根茎比；

CF——干物质含碳率（%）。

5.2.3 数据质量控制和评估

调查前，对参与调查的人员进行集中技术培训，并固定采样人员，减少人为误差；对于不能当场鉴定的植物物种，应采集带有花或果的标本，带回实验室鉴定。没有花或果的做好标记，以备在花果期进行鉴定取样；调查人和记录人及时对原始记录进行核查，发现错误及时纠正；数据录入过程注意质量控制，及时记录数据并进行审查和检查，运用统计分析方法对观测数据进行初步分析，以便及时发现调查工作存在的问题，及时与质量负责人取得联系，以进一步核实测定结果的准确性。发现数据缺失和可疑数据时，及时进行必要的补测和重测；最后进行数据质量评估，即将所获取的数据与各项辅助信息数据以及历史数据信息进行比较，评价数据的正确性、一致性、完整性、可比性和连续性。

5.2.4 数据

森林固定样地综合观测场（MTSZHGCC01 至 MTSZHGCC20）乔木层蓄积量、生物量、碳储量数据见表 5-8。

表 5-8　森林综合观测场乔木层生物量数据

观测场	乔木层蓄积量（立方米/公顷）	乔木层生物量（千克/公顷）	乔木层碳储量（吨/公顷）
MTSZHGCC01	50.8	40615.0	26.7
MTSZHGCC02	106.0	69985.0	46.0
MTSZHGCC03	124.6	82265.0	45.5
MTSZHGCC04	42.3	33810.0	22.2
MTSZHGCC05	125.1	82541.0	53.2
MTSZHGCC06	73.4	44025.0	32.1
MTSZHGCC07	77.2	61790.0	40.6
MTSZHGCC08	145.8	96195.0	53.2
MTSZHGCC09	125.4	82764.0	45.8
MTSZHGCC10	7.5	37281.0	24.5
MTSZHGCC11	100.8	66532.0	43.7
MTSZHGCC12	100.2	66124.0	43.4
MTSZHGCC13	99.0	65340.0	42.9
MTSZHGCC14	114.0	75269.0	41.7
MTSZHGCC15	167.0	91870.0	59.3
MTSZHGCC16	220.6	121316.0	78.2
MTSZHGCC17	67.3	53800.0	35.3
MTSZHGCC18	103.8	68483.0	45.0
MTSZHGCC19	8.5	42594.0	28.0
MTSZHGCC20	300.8	165447.0	99.3

第六章
江西马头山站森林调控环境空气质量数据集

江西马头山站依据建立的森林生态系统调控环境空气质量观测场（MTSKQZLGCC），对《森林生态系统长期定位观测指标体系》（GB/T 35377—2017）规定的森林调控环境空气质量功能观测指标进行观测，汇总整理后形成森林调控环境空气质量数据集。具体观测指标、频度和时间见表6-1。

表6-1　江西马头山站森林调控环境空气质量功能观测指标

指标类别	观测指标	单位	观测频度
空气颗粒物	$PM_{2.5}$	微克/立方米	连续观测
空气负氧离子	浓度	个/立方厘米	

6.1 森林环境空气质量数据集

6.1.1 概述

本数据集包括江西马头山站森林生态系统调控环境空气质量观测场（MTSKQZLGCC）2017—2022年森林环境空气质量（$PM_{2.5}$）数据。

6.1.2 数据采集和处理方法

森林环境空气质量数据采集参照《森林生态系统长期定位观测方法》（GB/T 33027—2016）中6.6.3.5的方法，使用JXCT-3100-PM传感器，布设在距地面1.5米以上的位置，采样频率为每小时 2 次，计算 24 小时平均值作为 PM$_{2.5}$ 日均值，在质控数据的基础上，用日 PM$_{2.5}$ 合计值除以日数获得 PM$_{2.5}$ 月平均数据。

6.1.3 数据质量控制和评估

传感器定期校正，每日采样数据不低于 18 个小时，某一时间点测缺时，用前、后两时间点数据内插求得，按正常数据统计，若连续两个或以上定时数据缺测时，不能内插，仍按缺测处理。

6.1.4 数据

森林生态系统调控环境空气质量观测场（MTSKQZLGCC）中的 PM$_{2.5}$ 浓度数据见表 6-2。

表 6-2　森林生态系统调控环境空气质量观测场 PM$_{2.5}$ 浓度

年份	月份	PM$_{2.5}$（微克/立方米）
2017	11	4.4
	12	13.8
2018	1	10.6
	2	11.8
	3	7.3
	4	8.5
	5	7.1
	6	4.6
	7	3.7
	8	6.0
	9	7.1
	10	8.2
	11	7.0
	12	6.8
2019	1	11.5
	2	4.8
	3	9.2
	4	5.8
	5	7.7
	6	5.7
	7	—
	8	6.4
	9	16.2
	10	19.1

（续）

年份	月份	$PM_{2.5}$（微克/立方米）
2019	11	8.7
	12	4.5
2020	1	2.9
	2	2.2
	3	2.1
	4	3.2
	5	4.5
	6	1.4
	7	0.6
	8	0.5
	9	0.6
	10	0.9
	11	0.8
	12	1.5
2021	1	1.2
	2	1.5
	3	0.5
	4	0.7
	5	0.7
	6	0.7
	7	1.0
	8	1.5
	9	2.4
	10	2.5
	11	1.4
	12	2.8
2022	1	2.6
	2	1.6
	3	2.0
	4	3.2
	5	2.4
	6	0.7
	7	0.2
	8	0.2
	9	0.4
	10	0.3
	11	0.3
	12	0.5

（续）

6.2 空气负氧离子数据集

6.2.1 概述

本数据集包括江西马头山站森林生态系统调控环境空气质量观测场（MTSKQZLGCC）2017—2022 年森林空气负氧离子浓度数据。

6.2.2 数据采集和处理方法

负氧离子数据采集参照《森林生态系统长期定位观测方法》(GB/T 33027—2016)中 6.6.3.3 的方法，使用 JXCT-30025 森林环境空气质量监测系统，在同一观测点相互垂直的 4 个方向，待仪器稳定后每个方向连续记录 5 个负氧离子的波峰值，4 个方向共 20 组数据的平均值作为此观测点的负离子浓度值。观测频率为每月 1 次，每次 3～5 天，选择晴朗稳定的天气。每天观测时间从 6：00～18：00，间隔 2 小时观测一次，每次采样持续时间不少于 10 分钟。

6.2.3 数据质量控制和评估

监测仪器定期校正，定期对监测人员进行培训，发现数据缺失和可疑数据时，及时进行必要的补测和重测。

6.2.4 数据

森林生态系统调控环境空气质量观测场（MTSKQZLGCC）负氧离子浓度数据见表 6-3。

表 6-3　森林生态系统调控环境空气质量观测场负氧离子浓度

年份	月份	负氧离子浓度（个/立方厘米）
2017	11	4473.0
	12	3038.0
2018	1	2702.5
	2	3069.9
	3	2516.9
	4	9962.8
	5	9695.1
	6	6861.7
	7	3308.1
	8	1175.0
	9	2675.9
	10	3806.9

（续）

年份	月份	负氧离子浓度（个/立方厘米）
2018	11	7500.6
	12	4744.0
2019	1	5404.5
	2	6812.7
	3	4443.3
	4	4054.0
	5	8685.7
	6	6820.5
	7	—
	8	3967.1
	9	5705.6
	10	10851.8
	11	4020.8
	12	8884.0
2020	1	3174.0
	2	3963.0
	3	10709.0
	4	5341.0
	5	5751.0
	6	8552.0
	7	8534.0
	8	8460.0
	9	9293.0
	10	6007.0
	11	7302.0
	12	4692.0
2021	1	6203.4
	2	6222.3
	3	9040.1
	4	7049.6
	5	22719.2
	6	13183.0
	7	12984.5
	8	9507.6
	9	11403.3

（续）

(续)

年份	月份	负氧离子浓度（个/立方厘米）
2021	10	6006.8
	11	6453.5
	12	3861.4
2022	1	3675.4
	2	3513.4
	3	3829.1
	4	4820.3
	5	4844.5
	6	4874.3
	7	4872.7
	8	4874.3
	9	4873.7
	10	4869.9
	11	4872.0
	12	4870.2

（续）

附　表

表1　江西马头山站高等植物名录

序号	科名	种名	学名
1	裸蒴苔科	圆叶裸蒴苔	*Haplomitrium mnioides*
2	绒苔科	绒苔	*Trichocolea tomentella*
3	叉苔科	平叉苔	*Metzgeria conjugata*
4	叉苔科	叉苔	*Metzgeria furcata*
5	剪叶苔科	剪叶苔	*Herbertus aduncus*
6	剪叶苔科	长角剪叶苔	*Herbertus dicranus*
7	剪叶苔科	狭叶剪叶苔	*Herbertus angustissima*
8	剪叶苔科	脆剪叶苔	*Herbertus fragilis*
9	剪叶苔科	长肋剪叶苔	*Herbertus longifissus*
10	拟复叉藓科	小睫毛苔	*Blepharostoma minus*
11	拟复叉藓科	睫毛苔	*Blepharostoma trichophyllum*
12	叶苔科	叶苔	*Jungermannia horikawana*
13	叶苔科	倒卵叶叶苔	*Jungermannia obovata*
14	叶苔科	卷苞叶苔	*Jungermannia torticalyx*
15	叶苔科	深绿叶苔	*Jungermannia atrovirens*
16	叶苔科	矮细叶苔	*Jungermannia pumila*
17	裂叶苔科	秃瓣裂叶苔	*Lophozia obtuse*
18	裂叶苔科	全缘广萼苔	*Chandonanthus birmensis*
19	裂叶苔科	齿边广萼苔	*Chandonanthus hirtellus*
20	裂叶苔科	广萼苔	*Chandonanthus squarrosus*
21	合叶苔科	鳞叶折叶苔	*Diplophyllum taxifolium*
22	合叶苔科	刺边合叶苔	*Scapania ciliata*
23	合叶苔科	短合叶苔	*Scapania curta*
24	合叶苔科	柯氏合叶苔	*Scapania koponenii*
25	合叶苔科	舌叶合叶苔	*Scapania ligulata*
26	合叶苔科	林地合叶苔	*Scapania nemorea*
27	合叶苔科	细齿合叶苔	*Scapania parvidens*
28	合叶苔科	粗疣合叶苔	*Scapania verrucosa*
29	合叶苔科	斯氏合叶苔	*Scapania stephanii*
30	羽苔科	羽枝羽苔	*Plagiochila fruticosa*
31	羽苔科	中华羽苔	*Plagiochila chinensis*
32	羽苔科	卵叶羽苔	*Plagiochila ovalifolia*
33	羽苔科	刺叶羽苔	*Plagiochila sciophila*

(续)

序号	科名	种名	学名
34	羽苔科	延叶羽苔	*Plagiochila semidecurrens*
35	指叶苔科	日本鞭苔	*Bazzania japonic*
36	指叶苔科	双齿鞭苔	*Bazzania bidentula*
37	指叶苔科	三齿鞭苔	*Bazzania tricrenata*
38	指叶苔科	三裂鞭苔	*Bazzania tridens*
39	指叶苔科	鞭苔	*Bazzania trilobata*
40	指叶苔科	假肋鞭苔	*Bazzania vittata*
41	指叶苔科	指叶苔	*Lepidozia reptans*
42	大萼苔科	钝瓣大萼苔	*Cephalozia ambigus*
43	大萼苔科	大萼苔	*Cephalozia bicuspidata*
44	大萼苔科	细瓣大萼苔	*Cephalozia pleniceps*
45	大萼苔科	拳叶苔	*Nowellia curvifolia*
46	大萼苔科	塔叶苔	*Schiffneria hyalina*
47	大萼苔科	鳞叶拟大萼苔	*Cephaloziella kiaeri*
48	大萼苔科	小叶拟大萼苔	*Cephaloziella microphylla*
49	齿萼苔科	四川薄萼苔	*Leptoscyphus sichuanensis*
50	齿萼苔科	芽胞裂萼苔	*Chiloscyphus minor*
51	齿萼苔科	异叶裂萼苔	*Chiloscyphus profundus*
52	齿萼苔科	四齿异萼苔	*Heteroscyphus argutus*
53	齿萼苔科	双齿异萼苔	*Heteroscyphus coalitus*
54	齿萼苔科	叉齿异萼苔	*Heteroscyphus lophocoleoides*
55	齿萼苔科	平叶异萼苔	*Heteroscyphus planus*
56	齿萼苔科	南亚异萼苔	*Heteroscyphus zollingeri*
57	光萼苔科	密叶光萼苔	*Porella densifolia*
58	光萼苔科	日本光萼苔	*Porella japonica*
59	光萼苔科	钝叶光萼苔	*Porella obtusata*
60	光萼苔科	毛边光萼苔	*Porella perrottetiana*
61	光萼苔科	光萼苔	*Porella pinnata*
62	耳叶苔科	筒瓣耳叶苔	*Frullania diversitexta*
63	耳叶苔科	列胞耳叶苔	*Frullania moniliata*
64	耳叶苔科	盔瓣耳叶苔	*Frullania muscicola*
65	耳叶苔科	欧耳叶苔	*Frullania tamarisci*
66	细鳞苔科	薄叶疣鳞苔	*Cololejeunea appressa*
67	细鳞苔科	阔瓣疣鳞苔	*Cololejeunea latilobula*
68	细鳞苔科	鳞叶疣鳞苔	*Cololejeunea longifolia*
69	细鳞苔科	列胞疣鳞苔	*Cololejeunea ocellata*
70	细鳞苔科	东亚疣鳞苔	*Cololejeunea shikokiana*
71	细鳞苔科	刺疣鳞苔	*Cololejeunea spinosa*
72	细鳞苔科	副体疣鳞苔	*Cololejeunea stylosa*
73	细鳞苔科	叶生针鳞苔	*Rhaphidolejeunea foliicola*
74	细鳞苔科	狭瓣细鳞苔	*Lejeunea anisophylla*

(续)

(续)

序号	科名	种名	学名
75	细鳞苔科	黄色细鳞苔	*Lejeunea flava*
76	细鳞苔科	平瓣细鳞苔	*Lejeunea planiloba*
77	细鳞苔科	日本细鳞苔	*Lejeunea japonica*
78	细鳞苔科	东亚残叶苔	*Leptocolea dolichostyla*
79	细鳞苔科	尖叶薄鳞苔	*Leptolejeunea elliptica*
80	细鳞苔科	褐冠鳞苔	*Lopholejeunea subfusca*
81	细鳞苔科	鞭鳞苔	*Mastigolejeunea auriculata*
82	细鳞苔科	喜马拉雅片鳞苔	*Pedinolejeunea himalayensis*
83	细鳞苔科	皱萼苔	*Ptychanthus striatus*
84	细鳞苔科	叶生针鳞苔	*Rhaphidolejeunea foliicola*
85	细鳞苔科	浅棕瓦鳞苔	*Trocholejeunea infuscata*
86	细鳞苔科	多褶苔	*Spruceanthus semirepandus*
87	细鳞苔科	南亚瓦鳞苔	*Acrolejeunea sandvicensis*
88	护蒴苔科	护蒴苔	*Calypogeia fissa*
89	护蒴苔科	芽胞护蒴苔	*Calypogeia muelleriana*
90	护蒴苔科	双齿护蒴苔	*Calypogeia tosana*
91	溪苔科	溪苔	*Pellia epiphylla*
92	溪苔科	鹿角苔	*Apopellia endiviifolia*
93	南溪苔科	南溪苔	*Makinoa crispata*
94	带叶苔科	带叶苔	*Pallavicinia lyellii*
95	魏氏苔科	毛地钱	*Dumortiera hirsuta*
96	魏氏苔科	柑皮苔	*Wiesnerella denudata*
97	蛇苔科	蛇苔	*Conocephalum conicum*
98	蛇苔科	小蛇苔	*Conocephalum japonicum*
99	全萼苔科	全萼苔	*Gymnomitrion concinnatum*
100	全萼苔科	锐裂钱袋苔	*Marsupella commutata*
101	全萼苔科	东亚钱袋苔	*Marsupella yakushimensis*
102	扁萼苔科	尖舌扁萼苔	*Radula acuminata*
103	扁萼苔科	日本扁萼苔	*Radula japonica*
104	扁萼苔科	爪哇扁萼苔	*Radula javanica*
105	绿片苔科	羽枝片叶苔	*Riccardia submultifida*
106	绿片苔科	掌状片叶苔	*Riccardia palmata*
107	瘤冠苔科	无纹紫背苔	*Plagiochasma intermedium*
108	瘤冠苔科	紫背苔	*Plagiochasma cordatum*
109	瘤冠苔科	石地钱	*Reboulia hemisphaerica*
110	地钱科	楔瓣地钱	*Marchantia emarginata*
111	地钱科	地钱	*Marchantia polymorpha*
112	钱苔科	钱苔	*Riccia glauca*
113	角苔科	角苔	*Anthoceros punctatus*
114	角苔科	黄角苔	*Phaeoceros laevis*
115	泥炭藓科	泥炭藓	*Sphagnum palustre*

(续)

(续)

序号	科名	种名	学名
116	牛毛藓科	牛毛藓	Ditrichum heteromallum
117	牛毛藓科	黄牛毛藓	Ditrichum pallidum
118	曲尾藓科	白氏藓	Brothera leana
119	曲尾藓科	长叶曲柄藓	Campylopus atrovirens
120	曲尾藓科	曲柄藓	Campylopus flexuosus
121	曲尾藓科	大曲柄藓	Campylopus hemitrichus
122	曲尾藓科	狭叶曲柄藓平肋变种	Campylopus subulatus var. schimperi
123	曲尾藓科	疣肋曲柄藓	Campylopus schwarzii
124	曲尾藓科	日本曲柄藓	Campylopus japonicum
125	曲尾藓科	节茎曲柄藓	Campylopus umbellatus
126	曲尾藓科	青毛藓	Dicranodontium denudatum
127	曲尾藓科	折叶曲尾藓	Dicranum flagilifolium
128	曲尾藓科	日本曲尾藓	Dicranum japonicum
129	曲尾藓科	克什米尔曲尾藓	Dicranum kashmirense
130	曲尾藓科	硬叶曲尾藓	Dicranum lorifolium
131	曲尾藓科	多蒴曲尾藓	Dicranum majus
132	曲尾藓科	曲尾藓	Dicranum scoparium
133	曲尾藓科	密叶苞领藓	Holomitrium densifolium
134	曲尾藓科	长蒴藓	Trematodon longicollis
135	白发藓科	粗叶白发藓	Leucobryum boninense
136	白发藓科	弯叶白发藓	Leucobryum aduncum
137	白发藓科	绿色白发藓	Leucobryum chlorophyllosum
138	白发藓科	白发藓	Leucobryum glaucum
139	白发藓科	爪哇白发藓	Leucobryum javense
140	白发藓科	桧叶白发藓	Leucobryum juniperoideum
141	凤尾藓科	异形凤尾藓	Fissidens anomalus
142	凤尾藓科	南京凤尾藓	Fissidens adelphinus
143	凤尾藓科	小凤尾藓	Fissidens bryoides
144	凤尾藓科	卷叶凤尾藓	Fissidens dubius
145	凤尾藓科	裸萼凤尾藓	Fissidens gymnogynus
146	凤尾藓科	大凤尾藓	Fissidens nobilis
147	凤尾藓科	曲肋凤尾藓	Fissidens mangarevensis
148	凤尾藓科	延叶凤尾藓	Fissidens perdecurrens
149	凤尾藓科	羽叶凤尾藓	Fissidens plagiochloides
150	凤尾藓科	鳞叶凤尾藓	Fissidens taxifolius
151	凤尾藓科	南京凤尾藓	Fissidens adelphinus
152	花叶藓科	日本网藓	Syrrhopodon japonicus
153	大帽藓科	大帽藓	Encalypta ciliata
154	丛藓科	卷叶丛本藓	Anoectangium thomsonii
155	丛藓科	扭口藓	Barbula unguiculata
156	丛藓科	细叶扭口藓	Didymodon perobtusus

(续)

(续)

序号	科名	种名	学名
157	丛藓科	卷叶湿地藓	*Hyophila involuta*
158	丛藓科	湿地藓	*Hyophila javanica*
159	丛藓科	匙叶湿地藓	*Hyophila spathulata*
160	丛藓科	狭叶拟合睫藓	*Pseudosymblepharis angustata*
161	丛藓科	拟合睫藓	*Pseudosymblepharis papillosula*
162	丛藓科	长叶纽藓	*Tortella tortuosa*
163	丛藓科	纽藓	*Tortella humilis*
164	丛藓科	泛生墙藓	*Tortula muralis*
165	丛藓科	毛口藓	*Trichostomum brachydontium*
166	丛藓科	卷叶毛口藓	*Trichostomum involutum*
167	丛藓科	阔叶毛口藓	*Trichostomum platyphyllum*
168	丛藓科	酸土藓	*Trichostomum tenuirostre*
169	丛藓科	小石藓	*Weissia controversa*
170	丛藓科	闭口藓	*Weissia longifolia*
171	丛藓科	缺齿小石藓	*Weissia edentula*
172	丛藓科	尖叶对齿藓	*Didymodon constrictus*
173	缩叶藓科	齿边缩叶藓	*Ptychomitrium dentatum*
174	缩叶藓科	狭叶缩叶藓	*Ptychomitrium linearifolium*
175	缩叶藓科	威氏缩叶藓	*Ptychomitrium wilsonii*
176	紫萼藓科	毛尖紫萼藓	*Grimmia pilifera*
177	紫萼藓科	丛枝砂藓	*Racomitrium fasciculare*
178	紫萼藓科	东亚长齿藓	*Niphotrichum japonicum*
179	葫芦藓科	日本立碗藓	*Physcomitrium japonicum*
180	葫芦藓科	葫芦藓	*Funaria hygrometrica*
181	真藓科	真藓	*Bryum argenteum*
182	真藓科	比拉真藓	*Bryum billarderi*
183	真藓科	柔叶真藓	*Bryum cellulare*
184	真藓科	刺叶真藓	*Bryum lonchocaulon*
185	真藓科	垂蒴真藓	*Bryum uliginosum*
186	真藓科	丝瓜藓	*Pohlia elongata*
187	真藓科	暖地大叶藓	*Rhodobryum giganteum*
188	提灯藓科	异叶提灯藓	*Mnium heterophyllum*
189	提灯藓科	平肋提灯藓	*Mnium laevinerve*
190	提灯藓科	长叶提灯藓	*Mnium lycopodioides*
191	提灯藓科	具缘提灯藓	*Mnium marginatum*
192	提灯藓科	柔叶立灯藓	*Orthomnion dilatatum*
193	提灯藓科	尖叶匐灯藓	*Plagiomnium acutum*
194	提灯藓科	匐灯藓	*Plagiomnium cuspidatum*
195	提灯藓科	日本匐灯藓	*Plagiomnium japonicum*
196	提灯藓科	侧枝匐灯藓	*Plagiomnium plagiomnium*
197	提灯藓科	具喙匐灯藓	*Plagiomnium rhynchophorum*

(续)

序号	科名	种名	学名
198	提灯藓科	钝叶匐灯藓	*Plagiomnium rostratum*
199	提灯藓科	大叶匐灯藓	*Plagiomnium succulentum*
200	提灯藓科	圆叶匐灯藓	*Plagiomnium vesicatum*
201	提灯藓科	疣灯藓	*Trachycystis microphylla*
202	提灯藓科	树形疣灯藓	*Trachycystis ussuriensis*
203	桧藓科	大桧藓	*Pyrrhobryum dozyanum*
204	桧藓科	刺叶桧藓	*Pyrrhobryum spiniforme*
205	珠藓科	亮叶珠藓	*Bartramia halleriana*
206	珠藓科	梨蒴珠藓	*Bartramia pomiformis*
207	珠藓科	泽藓	*Philonotis fontana*
208	珠藓科	细叶泽藓	*Philonotis thwaitesii*
209	珠藓科	东亚泽藓	*Philonotis turneriana*
210	树生藓科	钟帽藓	*Venturiella sinensis*
211	高领藓科	尖叶高领藓	*Glyphomitrium acuminatum*
212	木灵藓科	华东蓑藓	*Macromitrium courtoisii*
213	木灵藓科	福氏蓑藓	*Macromitrium ferriei*
214	木灵藓科	缺齿蓑藓	*Macromitrium gymnostomum*
215	木灵藓科	钝叶蓑藓	*Macromitrium japonicum*
216	木灵藓科	长帽蓑藓	*Macromitrium tosae*
217	木灵藓科	丛生木灵藓	*Orthotrichum consobrium*
218	木灵藓科	毛帽木灵藓	*Orthotrichum dasymitrium*
219	木灵藓科	南亚火藓	*Schlotheimia grevilleana*
220	木灵藓科	小火藓	*Schlotheimia pungens*
221	卷柏藓科	毛尖卷柏藓	*Racopilum aristatum*
222	卷柏藓科	薄壁卷柏藓	*Racopilum cuspidigerum*
223	卷柏藓科	直蒴卷柏藓	*Racopilum orthocarpum*
224	虎尾藓科	虎尾藓	*Hedwigia ciliata*
225	隐蒴藓科	毛枝藓	*Pilotrichopsis dentata*
226	隐蒴藓科	残齿藓	*Forsstroemia trichomitria*
227	白齿藓科	偏叶白齿藓	*Leucodon secundus*
228	白齿藓科	中台白齿藓	*Leucodon temperatus*
229	扭叶藓科	拟木毛藓	*Pseudospiridentopsis*
230	扭叶藓科	扭叶藓	*Trachypus bicolor*
231	扭叶藓科	小扭叶藓	*Trachypus humilis*
232	蕨藓科	小蔓藓	*Meteoriella soluta*
233	蔓藓科	狭叶悬藓	*Barbella linearifolia*
234	蔓藓科	卵叶毛扭藓	*Aerobryidium aureo-nitens*
235	蔓藓科	毛扭藓	*Aerobryidium filamentosum*
236	蔓藓科	大灰气藓	*Aerobryopsis subdivergens*
237	蔓藓科	长尖大灰气藓	*Aerobryopsis subdivergens* subsp. *scariosa*
238	蔓藓科	灰气藓	*Aerobryopsis wallichii*

(续)

（续）

序号	科名	种名	学名
239	蔓藓科	气藓	*Aerobryum speciosum*
240	蔓藓科	垂藓	*Chrysocladium retrorsum*
241	蔓藓科	反叶粗蔓藓	*Meteoriopsis reclinata*
242	蔓藓科	粗蔓藓	*Meteoriopsis squarrosa*
243	蔓藓科	东亚蔓藓	*Meteorium atrovariegatum*
244	蔓藓科	细枝蔓藓	*Meteorium papillarioides*
245	蔓藓科	蔓藓	*Meteorium polytrichum*
246	蔓藓科	粗枝蔓藓	*Meteorium subpolytrichum*
247	带藓科	平尖兜叶藓	*Horikawaea dubia*
248	平藓科	扁枝藓	*Homalia trichomanoides*
249	平藓科	拟扁枝藓	*Homaliadelphus targionianus*
250	平藓科	小片藓	*Circulifolium exiguum*
251	平藓科	树平藓	*Homaliodendron flabellatum*
252	平藓科	刀叶树平藓	*Homaliodendron scalpellifolium*
253	平藓科	平藓	*Neckera pennata*
254	木藓科	匙叶木藓	*Thamnobryum sandei*
255	万年藓科	东亚万年藓	*Climacium japonicum*
256	油藓科	东亚黄藓	*Distichophyllum maibarea*
257	油藓科	日本毛柄藓	*Calyptrochaeta japonica*
258	油藓科	尖叶油藓	*Hookeria acutifolia*
259	孔雀藓科	短肋雉尾藓	*Cyathophorum hookerianum*
260	孔雀藓科	粗齿雉尾藓	*Cyathophorum adiantum*
261	孔雀藓科	黄边孔雀藓	*Hypopterygium flavolimbatum*
262	孔雀藓科	东亚孔雀藓	*Hypopterygium japonicum*
263	鳞藓科	小粗疣藓	*Fauriella tenerrima*
264	碎米藓科	东亚碎米藓	*Fabronia matsumurae*
265	碎米藓科	东亚附干藓	*Schwetschkea laxa*
266	薄罗藓科	粗肋薄罗藓	*Leskea scabrinervis*
267	薄罗藓科	异齿藓	*Regmatodon declinatus*
268	薄罗藓科	长肋异齿藓	*Regmatodon longinervis*
269	薄罗藓科	中华细枝藓	*Lindbergia sinensis*
270	薄罗藓科	拟草藓	*Pseudoleskeopsis zippelii*
271	牛舌藓科	拟多枝藓	*Haplohymenium pseudo-triste*
272	牛舌藓科	暗绿多枝藓	*Haplohymenium triste*
273	牛舌藓科	牛舌藓	*Anomodon viticulosus*
274	牛舌藓科	小牛舌藓	*Anomodon minor*
275	牛舌藓科	羊角藓	*Herpetineuron toccoae*
276	羽藓科	狭叶麻羽藓	*Claopodium aciculum*
277	羽藓科	多疣麻羽藓	*Claopodium pellucinervis*
278	羽藓科	狭叶小羽藓	*Haplocladium angustifolium*
279	羽藓科	细叶小羽藓	*Haplocladium microphyllum*

（续）

(续)

序号	科名	种名	学名
280	羽藓科	大羽藓	*Thuidium cymbifolium*
281	羽藓科	灰羽藓	*Thuidium pristocalyx*
282	羽藓科	短肋羽藓	*Thuidium kanedae*
283	羽藓科	羽藓	*Thuidium tamariscinum*
284	羽藓科	美丽鹤嘴藓	*Pelekium contortulum*
285	柳叶藓科	柳叶藓	*Amblystegium serpens*
286	柳叶藓科	水生湿柳藓	*Hygroamblystegium fluviatile*
287	柳叶藓科	阔叶拟细湿藓	*Campyliadelphus polygamum*
288	青藓科	毛青藓	*Tomentypnum nitens*
289	青藓科	白色同蒴藓	*Homalothecium leucodonticaule*
290	青藓科	褶叶藓	*Palamocladium nilgheriense*
291	青藓科	勃氏青藓	*Brachythecium brotheri*
292	青藓科	斜枝青藓	*Brachythecium campylothallum*
293	青藓科	宽叶青藓	*Brachythecium curtum*
294	青藓科	多褶青藓	*Brachythecium buchananii*
295	青藓科	皱叶青藓	*Brachythecium kuroishicum*
296	青藓科	羽枝青藓	*Brachythecium plumosum*
297	青藓科	弯叶青藓	*Brachythecium reflexum*
298	青藓科	绒叶青藓	*Brachythecium velutinum*
299	青藓科	疏网美喙藓	*Eurhynchium laxirete*
300	青藓科	羽枝美喙藓	*Eurhynchium longirameum*
301	青藓科	卵叶美喙藓	*Eurhynchium striatulum*
302	青藓科	密叶美喙藓	*Eurhynchium savatieri*
303	青藓科	鼠尾藓	*Myuroclada maximowiczii*
304	青藓科	淡叶长喙藓	*Rhynchostegium pallidifolium*
305	绢藓科	亮叶绢藓	*Entodon aeruginosus*
306	绢藓科	绢藓	*Entodon cladorrhizans*
307	绢藓科	柱蒴绢藓	*Entodon challengeri*
308	绢藓科	长柄绢藓	*Entodon macropodus*
309	绢藓科	中华绢藓	*Entodon smaragdinus*
310	绢藓科	绿叶绢藓	*Entodon viridulus*
311	棉藓科	棉藓	*Plagiothecium denticulatum*
312	棉藓科	垂蒴棉藓	*Plagiothecium nemorale*
313	灰藓科	东亚拟鳞叶藓	*Pseudotaxiphyllum pohliaecarpum*
314	灰藓科	东亚毛灰藓	*Homomallium connexum*
315	灰藓科	钙生灰藓	*Hypnum calcicolum*
316	灰藓科	尖叶灰藓	*Hypnum callichroum*
317	灰藓科	灰藓	*Hypnum cupressiforme*
318	灰藓科	东亚灰藓	*Hypnum fauriei*
319	灰藓科	多蒴灰藓	*Hypnum fertile*
320	灰藓科	弯叶灰藓	*Hypnum hamulosum*

(续)

(续)

序号	科名	种名	学名
321	灰藓科	南亚灰藓	*Hypnum oldhamii*
322	灰藓科	黄灰藓	*Hypnum pallescens*
323	灰藓科	大灰藓	*Hypnum plumaeforme*
324	灰藓科	卷叶灰藓	*Hypnum revolutum*
325	灰藓科	淡叶偏蒴藓	*Ectropothecium dealbatum*
326	灰藓科	钝叶偏蒴藓	*Ectropothecium obtusulum*
327	灰藓科	淡色同叶藓	*Isopterygium albescens*
328	灰藓科	毛叶梳藓	*Ctenidium capillifolium*
329	灰藓科	戟叶梳藓	*Ctenidium hastile*
330	灰藓科	梳藓	*Ctenidium molluscum*
331	灰藓科	大粗枝藓	*Gollania robusta Broth*
332	灰藓科	皱叶粗枝藓	*Gollania ruginosa*
333	灰藓科	长灰藓	*Herzogiella seligeri*
334	灰藓科	沼生长灰藓	*Herzogiella turfacea*
335	灰藓科	鳞叶藓	*Taxiphyllum taxirameum*
336	灰藓科	长尖明叶藓	*Vesicularia reticulata*
337	灰藓科	暖地明叶藓	*Vesicularia ferriei*
338	灰藓科	海南明叶藓	*Vesicularia hainanensis*
339	锦藓科	弯叶南方小锦藓	*Brotherella henonii*
340	锦藓科	东亚小锦藓	*Brotherella fauriei*
341	锦藓科	暗绿毛锦藓	*Pylaisiadelpha tristoviridis*
342	锦藓科	鞭枝藓	*Isocladiella surcularis*
343	锦藓科	长喙刺疣藓	*Trichosteleum stigmosum*
344	锦藓科	矮锦藓	*Sematophyllum subhumile*
345	锦藓科	角状刺枝藓	*Wijkia hornschuchii*
346	塔藓科	假蔓藓	*Loeskeobryum breviristre*
347	塔藓科	拟垂枝藓	*Rhytidiadelphus squarrosus*
348	塔藓科	大拟垂枝藓	*Rhytidiadelphus triquetrus*
349	塔藓科	南木藓	*Macrothamnium macrocarpum*
350	短颈藓科	东亚短颈藓	*Diphyscium fulvifolium*
351	短颈藓科	卷叶短颈藓	*Diphyscium mucronifolium*
352	金发藓科	仙鹤藓	*Atrichum undulatum*
353	金发藓科	小仙鹤藓	*Atrichum crispulum*
354	金发藓科	小胞仙鹤藓	*Atrichum rhystophyllum*
355	金发藓科	薄壁仙鹤藓	*Atrichum subserratum*
356	金发藓科	刺边小金发藓	*Pogonatum cirratum*
357	金发藓科	暖地小金发藓	*Pogonatum fastigiatum*
358	金发藓科	东亚小金发藓	*Pogonatum inflexum*
359	金发藓科	川西小金发藓	*Pogonatum nudiusculum*
360	金发藓科	苞叶小金发藓	*Pogonatum spinulosum*
361	金发藓科	疣小金发藓	*Pogonatum urnigerum*

(续)

(续)

序号	科名	种名	学名
362	金发藓科	拟金发藓	*Polytrichastrum alpinum*
363	金发藓科	金发藓	*Polytrichum commune*
364	金发藓科	桧叶金发藓	*Polytrichum juniperinum*
365	石松科	蛇足石杉	*Huperzia serrata*
366	石松科	藤石松	*Lycopodiastrum casuarinoides*
367	石松科	石松	*Lycopodium japonicum*
368	石松科	垂穗石松	*Palhinhaea cernua*
369	石松科	闽浙马尾杉	*Phlegmariurus mingcheensis*
370	卷柏科	薄叶卷柏	*Selaginella delicatula*
371	卷柏科	深绿卷柏	*Selaginella doederleinii*
372	卷柏科	异穗卷柏	*Selaginella heterostachys*
373	卷柏科	兖州卷柏	*Selaginella involvens*
374	卷柏科	细叶卷柏	*Selaginella labordei Hieron*
375	卷柏科	耳基卷柏	*Selaginella limbata*
376	卷柏科	江南卷柏	*Selaginella moellendorffii*
377	卷柏科	伏地卷柏	*Selaginella nipponica*
378	卷柏科	黑顶卷柏	*Selaginella picta*
379	卷柏科	疏叶卷柏	*Selaginella remotifolia*
380	卷柏科	卷柏	*Selaginella tamariscina*
381	卷柏科	翠云草	*Selaginella uncinata*
382	木贼科	节节草	*Equisetum ramosissimum*
383	合囊蕨科	福建观音座莲	*Angiopteris fokiensis*
384	紫萁科	紫萁	*Osmunda japonica*
385	紫萁科	华南羽节紫萁	*Plenasium vachellii*
386	膜蕨科	翅柄假脉蕨	*Crepidomanes latealatum*
387	膜蕨科	蕗蕨	*Hymenophyllum badium*
388	膜蕨科	华东膜蕨	*Hymenophyllum barbatum*
389	膜蕨科	长柄蕗蕨	*Hymenophyllum polyanthos*
390	里白科	芒萁	*Dicranopteris pedata*
391	里白科	里白	*Diplopterygium glaucum*
392	里白科	光里白	*Diplopterygium laevissimum*
393	海金沙科	海金沙	*Lygodium japonicum*
394	槐叶蘋科	细叶满江红	*Azolla filiculoides*
395	槐叶蘋科	满江红	*Azolla pinnata*
396	槐叶蘋科	槐叶蘋	*Salvinia natans*
397	蘋科	蘋	*Marsilea quadrifolia*
398	瘤足蕨科	瘤足蕨	*Plagiogyria adnata*
399	瘤足蕨科	华中瘤足蕨	*Plagiogyria euphlebia*
400	瘤足蕨科	镰羽瘤足蕨	*Plagiogyria falcata*
401	瘤足蕨科	华东瘤足蕨	*Plagiogyria japonica*
402	鳞始蕨科	钱氏鳞始蕨	*Lindsaea chienii*

(续)

(续)

序号	科名	种名	学名
403	鳞始蕨科	团叶鳞始蕨	*Lindsaea orbiculata*
404	鳞始蕨科	乌蕨	*Odontosoria chinensis*
405	凤尾蕨科	扇叶铁线蕨	*Adiantum flabellulatum*
406	凤尾蕨科	粉背蕨	*Aleuritopteris anceps*
407	凤尾蕨科	银粉背蕨	*Aleuritopteris argentea*
408	凤尾蕨科	毛轴碎米蕨	*Cheilanthes chusana*
409	凤尾蕨科	凤了蕨	*Coniogramme japonica*
410	凤尾蕨科	书带蕨	*Haplopteris flexuosa*
411	凤尾蕨科	野雉尾金粉蕨	*Onychium japonicum*
412	凤尾蕨科	栗柄金粉蕨	*Onychium japonicum* var. *lucidum*
413	凤尾蕨科	刺齿半边旗	*Pteris dispar*
414	凤尾蕨科	傅氏凤尾蕨	*Pteris fauriei*
415	凤尾蕨科	全缘凤尾蕨	*Pteris insignis*
416	凤尾蕨科	平羽凤尾蕨	*Pteris kiuschiuensis*
417	凤尾蕨科	井栏边草	*Pteris multifida*
418	凤尾蕨科	斜羽凤尾蕨	*Pteris oshimensis*
419	凤尾蕨科	半边旗	*Pteris semipinnata*
420	凤尾蕨科	蜈蚣凤尾蕨	*Pteris vittata*
421	碗蕨科	细毛碗蕨	*Dennstaedtia hirsuta*
422	碗蕨科	光叶碗蕨	*Dennstaedtia scabra*
423	碗蕨科	姬蕨	*Hypolepis punctata*
424	碗蕨科	边缘鳞盖蕨	*Microlepia marginata*
425	碗蕨科	二回边缘鳞盖蕨	*Microlepia marginata* var. *bipinnata*
426	碗蕨科	蕨	*Pteridium aquilinum* var. *latiusculum*
427	铁角蕨科	虎尾铁角蕨	*Asplenium incisum*
428	铁角蕨科	胎生铁角蕨	*Asplenium indicum*
429	铁角蕨科	倒挂铁角蕨	*Asplenium normale*
430	铁角蕨科	长叶铁角蕨	*Asplenium prolongatum*
431	铁角蕨科	铁角蕨	*Asplenium trichomanes*
432	铁角蕨科	三翅铁角蕨	*Asplenium tripteropus*
433	铁角蕨科	狭翅铁角蕨	*Asplenium wrightii*
434	乌毛蕨科	乌毛蕨	*Blechnum orientale*
435	乌毛蕨科	狗脊	*Woodwardia japonica*
436	乌毛蕨科	珠芽狗脊	*Woodwardia prolifera*
437	蹄盖蕨科	华东安蕨	*Anisocampium shearer i*
438	蹄盖蕨科	宿蹄盖蕨	*Athyrium anisopterum*
439	蹄盖蕨科	湿生蹄盖蕨	*Athyrium devolii*
440	蹄盖蕨科	长江蹄盖蕨	*Athyrium iseanum*
441	蹄盖蕨科	紫柄蹄盖蕨	*Athyrium kenzo-satakei*
442	蹄盖蕨科	华中蹄盖蕨	*Athyrium wardii*
443	蹄盖蕨科	角蕨	*Cornopteris decurrentialata*

(续)

序号	科名	种名	学名
444	蹄盖蕨科	假蹄盖蕨	*Deparia japonica*
445	蹄盖蕨科	单叶双盖蕨	*Deparia lancea*
446	蹄盖蕨科	毛轴假蹄盖蕨	*Deparia petersenii*
447	蹄盖蕨科	菜蕨	*Diplazium esculentum*
448	蹄盖蕨科	薄盖短肠蕨	*Diplazium hachijoense*
449	蹄盖蕨科	江南短肠蕨	*Diplazium mettenianum*
450	蹄盖蕨科	淡绿短肠蕨	*Diplazium virescens*
451	金星蕨科	渐尖毛蕨	*Cyclosorus acuminatus*
452	金星蕨科	干旱毛蕨	*Cyclosorus aridus*
453	金星蕨科	齿牙毛蕨	*Cyclosorus dentatus*
454	金星蕨科	圣蕨	*Stegnogramma griffithii*
455	金星蕨科	闽浙圣蕨	*Stegnogramma mingchegensis*
456	金星蕨科	戟叶圣蕨	*Stegnogramma sagittifolia*
457	金星蕨科	针毛蕨	*Macrothelypteris oligophlebia*
458	金星蕨科	普通针毛蕨	*Macrothelypteris torresiana*
459	金星蕨科	翠绿针毛蕨	*Macrothelypteris viridifrons*
460	金星蕨科	微毛凸轴蕨	*Metathelypteris adscendens*
461	金星蕨科	林下凸轴蕨	*Metathelypteris hattorii*
462	金星蕨科	秦氏金星蕨	*Parathelypteris chingii*
463	金星蕨科	金星蕨	*Parathelypteris glanduligera*
464	金星蕨科	光脚金星蕨	*Parathelypteris japonica*
465	金星蕨科	延羽卵果蕨	*Phegopteris decursive-pinnata*
466	金星蕨科	西南假毛蕨	*Pseudocyclosorus esquirolii*
467	金星蕨科	普通假毛蕨	*Pseudocyclosorus subochthodes*
468	鳞毛蕨科	斜方复叶耳蕨	*Arachniodes amabilis*
469	鳞毛蕨科	刺头复叶耳蕨	*Arachniodes aristata*
470	鳞毛蕨科	长尾复叶耳蕨	*Arachniodes simplicior*
471	鳞毛蕨科	美丽复叶耳蕨	*Arachniodes speciosa*
472	鳞毛蕨科	贯众	*Cyrtomium fortunei*
473	鳞毛蕨科	暗鳞鳞毛蕨	*Dryopteris atrata*
474	鳞毛蕨科	阔鳞鳞毛蕨	*Dryopteris championii*
475	鳞毛蕨科	桫椤鳞毛蕨	*Dryopteris cycadina*
476	鳞毛蕨科	迷人鳞毛蕨	*Dryopteris decipiens*
477	鳞毛蕨科	深裂迷人鳞毛蕨	*Dryopteris decipiens*
478	鳞毛蕨科	红盖鳞毛蕨	*Dryopteris erythrosora*
479	鳞毛蕨科	黑足鳞毛蕨	*Dryopteris fuscipes*
480	鳞毛蕨科	齿头鳞毛蕨	*Dryopteris labordei*
481	鳞毛蕨科	阔鳞轴鳞蕨	*Dryopteris maximowicziana*
482	鳞毛蕨科	阔鳞轴鳞蕨	*Dryopteris maximowicziana*
483	鳞毛蕨科	无盖鳞毛蕨	*Dryopteris scottii*
484	鳞毛蕨科	两色鳞毛蕨	*Dryopteris setosa*

(续)

序号	科名	种名	学名
485	鳞毛蕨科	稀羽鳞毛蕨	*Dryopteris sparsa*
486	鳞毛蕨科	观光鳞毛蕨	*Dryopteris tsoongii*
487	鳞毛蕨科	同形鳞毛蕨	*Dryopteris uniformis*
488	鳞毛蕨科	变异鳞毛蕨	*Dryopteris varia*
489	鳞毛蕨科	华南舌蕨	*Elaphoglossum yoshinagae*
490	鳞毛蕨科	镰羽耳蕨	*Polystichum balansae*
491	鳞毛蕨科	黑鳞耳蕨	*Polystichum makinoi*
492	鳞毛蕨科	对马耳蕨	*Polystichum tsus-simense*
493	水龙骨科	槲蕨	*Drynaria roosii*
494	水龙骨科	日本水龙骨	*Goniophlebium niponicum*
495	水龙骨科	披针骨牌蕨	*Lemmaphyllum diversum*
496	水龙骨科	抱石莲	*Lemmaphyllum drymoglossoides*
497	水龙骨科	黄瓦韦	*Lepisorus asterolepis*
498	水龙骨科	庐山瓦韦	*Lepisorus lewisii*
499	水龙骨科	瓦韦	*Lepisorus thunbergianus*
500	水龙骨科	江南星蕨	*Lepisorus fortunei*
501	水龙骨科	表面星蕨	*Lepisorus superficialis*
502	水龙骨科	剑叶盾蕨	*Lepisorus ensatus*
503	水龙骨科	线蕨	*Leptochilus ellipticus*
504	水龙骨科	曲边线蕨	*Leptochilus ellipticus* var. *flexilobus*
505	水龙骨科	石蕨	*Pyrrosia angustissima*
506	水龙骨科	相近石韦	*Pyrrosia assimilis*
507	水龙骨科	石韦	*Pyrrosia lingua*
508	水龙骨科	有柄石韦	*Pyrrosia petiolosa*
509	水龙骨科	庐山石韦	*Pyrrosia shearreri*
510	水龙骨科	金鸡脚假瘤蕨	*Selliguea hastata*
511	苏铁科	苏铁	*Cycas revoluta*
512	银杏科	银杏	*Ginkgo biloba*
513	买麻藤科	小叶买麻藤	*Gnetum parvifolium*
514	松科	马尾松	*Pinus massoniana*
515	松科	台湾松（黄山松）	*Pinus taiwanensis*
516	松科	铁杉	*Tsuga chinensis*
517	松科	铁坚油杉	*Keteleeria davidiana*
518	罗汉松科	罗汉松	*Podocarpus macrophyllus*
519	罗汉松科	百日青	*Podocarpus neriifolius*
520	罗汉松科	竹柏	*Nageia nagi*
521	柏科	干香柏	*Cupressus duclouxiana*
522	柏科	柏木	*Cupressus funebris*
523	柏科	侧柏	*Platycladus orientalis*
524	柏科	福建柏	*Fokienia hodginsii*
525	柏科	柳杉	*Cryptomeria japonica*

(续)

(续)

序号	科名	种名	学名
526	柏科	杉木	*Cunninghamia lanceolata*
527	柏科	水松	*Glyptostrobus pensilis*
528	红豆杉科	榧	*Torreya grandis*
529	红豆杉科	长叶榧	*Torreya jackii*
530	红豆杉科	南方红豆杉	*Taxus wallichiana*
531	红豆杉科	三尖杉	*Cephalotaxus fortunei*
532	红豆杉科	粗榧	*Cephalotaxus sinensis*
533	红豆杉科	穗花杉	*Amentotaxus argotaenia*
534	莼菜科	莼菜	*Brasenia schreberi*
535	五味子科	黑老虎	*Kadsura coccinea*
536	五味子科	异形南五味子	*Kadsura heterodita*
537	五味子科	日本南五味子	*Kadsura japonica*
538	五味子科	南五味子	*Kadsura longipedunculata*
539	五味子科	冷饭藤	*Kadsura oblongifolia*
540	五味子科	绿叶五味子	*Schisandra arisanensis* subsp. *viridis*
541	五味子科	二色五味子	*Schisandra bicolor*
542	五味子科	五味子	*Schisandra chinensis*
543	五味子科	翼梗五味子	*Schisandra henryi*
544	五味子科	红茴香	*Illicium henryi*
545	五味子科	红毒茴	*Illicium lanceolatum*
546	三白草科	三白草	*Saururus chinensis*
547	三白草科	蕺菜	*Houttuynia cordata*
548	胡椒科	山蒟	*Piper hancei*
549	胡椒科	毛蒟	*Piper hongkongense*
550	胡椒科	风藤	*Piper kadsura*
551	胡椒科	石南藤	*Piper wallichii*
552	马兜铃科	马兜铃	*Aristolochia debilis*
553	马兜铃科	管花马兜铃	*Aristolochia tubiflora*
554	马兜铃科	尾花细辛	*Asarum caudigerum*
555	马兜铃科	杜衡	*Asarum forbesii*
556	马兜铃科	福建细辛	*Asarum fukienense*
557	马兜铃科	金耳环	*Asarum insigne*
558	马兜铃科	大花细辛	*Asarum macranthum*
559	马兜铃科	祁阳细辛	*Asarum magnificum*
560	马兜铃科	长毛细辛	*Asarum pulchellum*
561	马兜铃科	五岭细辛	*Asarum wulingense*
562	木兰科	乐昌含笑	*Michelia chapensis*
563	木兰科	紫花含笑	*Michelia crassipes*
564	木兰科	含笑花	*Michelia figo*
565	木兰科	金叶含笑	*Michelia foveolata*
566	木兰科	福建含笑	*Michelia fujianensis*

(续)

(续)

序号	科名	种名	学名
567	木兰科	美毛含笑	*Michelia caloptila*
568	木兰科	深山含笑	*Michelia maudiae*
569	木兰科	野含笑	*Michelia skinneriana*
570	木兰科	黄山玉兰	*Yulania cylindrica*
571	木兰科	玉兰	*Yulania denudata*
572	木兰科	凹叶玉兰	*Yulania sargentiana*
573	木兰科	鹅掌楸	*Liriodendron chinense*
574	木兰科	桂南木莲	*Manglietia conifera*
575	木兰科	木莲	*Manglietia fordiana*
576	木兰科	厚朴	*Houpoea officinalis*
577	番荔枝科	瓜馥木	*Fissistigma oldhamii*
578	蜡梅科	山蜡梅	*Chimonanthus nitens*
579	蜡梅科	蜡梅	*Chimonanthus praecox*
580	蜡梅科	柳叶蜡梅	*Chimonanthus salicifolius*
581	樟科	乌药	*Lindera aggregata*
582	樟科	狭叶山胡椒	*Lindera angustifolia*
583	樟科	香叶树	*Lindera communis*
584	樟科	红果山胡椒	*Lindera erythrocarpa*
585	樟科	香叶子	*Lindera fragrans*
586	樟科	山胡椒	*Lindera glauca*
587	樟科	黑壳楠	*Lindera megaphylla*
588	樟科	绿叶甘橿	*Lindera neesiana*
589	樟科	山橿	*Lindera reflexa*
590	樟科	红脉钓樟	*Lindera rubronervia*
591	樟科	大叶钓樟	*Lindera umbellata*
592	樟科	毛桂	*Cinnamomum appelianum*
593	樟科	华南桂	*Cinnamomum austrosinense*
594	樟科	阴香	*Cinnamomum burmannii*
595	樟科	樟	*Cinnamomum camphora*
596	樟科	肉桂	*Cinnamomum cassia*
597	樟科	天竺桂	*Cinnamomum japonicum*
598	樟科	野黄桂	*Cinnamomum jensenianum*
599	樟科	银叶桂	*Cinnamomum mairei*
600	樟科	沉水樟	*Cinnamomum micranthum*
601	樟科	黄樟	*Cinnamomum parthenoxylon*
602	樟科	少花桂	*Cinnamomum pauciflorum*
603	樟科	香桂	*Cinnamomum subavenium*
604	樟科	辣汁树	*Cinnamomum tsangii*
605	樟科	川桂	*Cinnamomum wilsonii*
606	樟科	新木姜子	*Neolitsea aurata*
607	樟科	浙江新木姜子	*Neolitsea aurata* var. *chekiangensis*

(续)

(续)

序号	科名	种名	学名
608	樟科	粉叶新木姜子	*Neolitsea aurata* var. *glauca*
609	樟科	云和新木姜子	*Neolitsea aurata* var. *paraciculata*
610	樟科	浙闽新木姜子	*Neolitsea aurata* var. *undulatula*
611	樟科	大叶新木姜子	*Neolitsea levinei*
612	樟科	显脉新木姜子	*Neolitsea phanerophlebia*
613	樟科	新宁新木姜子	*Neolitsea shingningensis*
614	樟科	南亚新木姜子	*Neolitsea zeylanica*
615	樟科	闽楠	*Phoebe bournei*
616	樟科	浙江楠	*Phoebe chekiangensis*
617	樟科	湘楠	*Phoebe hunanensis*
618	樟科	白楠	*Phoebe neurantha*
619	樟科	紫楠	*Phoebe sheareri*
620	樟科	檫木	*Sassafras tzumu*
621	樟科	毛豹皮樟	*Litsea coreana* var. *lanuginosa*
622	樟科	豹皮樟	*Litsea coreana*
623	樟科	山鸡椒	*Litsea cubeba*
624	樟科	毛山鸡椒	*Litsea cubeba* var. *formosana*
625	樟科	黄丹木姜子	*Litsea elongata*
626	樟科	石木姜子	*Litsea elongata* var. *fabri*
627	樟科	潺槁木姜子	*Litsea glutinosa*
628	樟科	华南木姜子	*Litsea greenmaniana*
629	樟科	毛叶木姜子	*Litsea mollis*
630	樟科	红皮木姜子	*Litsea pedunculata*
631	樟科	木姜子	*Litsea pungens*
632	樟科	圆叶豺皮樟	*Litsea rotundifolia*
633	樟科	豺皮樟	*Litsea rotundifolia*
634	樟科	短序润楠	*Machilus breviflora*
635	樟科	浙江润楠	*Machilus chekiangensis*
636	樟科	华润楠	*Machilus chinensis*
637	樟科	基脉润楠	*Machilus decursinervis*
638	樟科	黄绒润楠	*Machilus grijsii*
639	樟科	宜昌润楠	*Machilus ichangensis*
640	樟科	薄叶润楠	*Machilus leptophylla*
641	樟科	木姜润楠	*Machilus litseifolia*
642	樟科	纳槁润楠	*Machilus nakao*
643	樟科	润楠	*Machilus nanmu*
644	樟科	建润楠	*Machilus oreophila*
645	樟科	刨花润楠	*Machilus pauhoi*
646	樟科	凤凰润楠	*Machilus phoenicis*
647	樟科	红楠	*Machilus thunbergii*
648	樟科	绒毛润楠	*Machilus velutina*

(续)

(续)

序号	科名	种名	学名
649	樟科	香面叶	*Iteadaphne caudata*
650	金粟兰科	宽叶金粟兰	*Chloranthus henryi*
651	金粟兰科	银线草	*Chloranthus japonicus*
652	金粟兰科	多穗金粟兰	*Chloranthus multistachys*
653	金粟兰科	及己	*Chloranthus serratus*
654	金粟兰科	华南金粟兰	*Chloranthus sessilifolius*
655	金粟兰科	金粟兰	*Chloranthus spicatus*
656	金粟兰科	草珊瑚	*Sarcandra glabra*
657	菖蒲科	菖蒲	*Acorus calamus*
658	菖蒲科	金钱蒲	*Acorus gramineus*
659	天南星科	东亚魔芋	*Amorphophallus kiusianus*
660	天南星科	花魔芋	*Amorphophallus konjac*
661	天南星科	浮萍	*Lemna minor*
662	天南星科	狭叶南星	*Arisaema angustatum*
663	天南星科	灯台莲	*Arisaema bockii*
664	天南星科	一把伞南星	*Arisaema erubescens*
665	天南星科	天南星	*Arisaema heterophyllum*
666	天南星科	紫萍	*Spirodela polyrhiza*
667	天南星科	滴水珠	*Pinellia cordata*
668	天南星科	虎掌	*Pinellia pedatisecta*
669	天南星科	半夏	*Pinellia ternata*
670	天南星科	野芋	*Colocasia antiquorum*
671	天南星科	芋	*Colocasia esculenta*
672	天南星科	紫芋	*Colocasia esculenta* 'Tonoimo'
673	泽泻科	矮慈姑	*Sagittaria pygmaea*
674	泽泻科	欧洲慈姑	*Sagittaria sagittifolia*
675	泽泻科	野慈姑	*Sagittaria trifolia*
676	水鳖科	黑藻	*Hydrilla verticillata*
677	水蕹科	水蕹	*Aponogeton lakhonensis*
678	眼子菜科	菹草	*Potamogeton crispus*
679	眼子菜科	鸡冠眼子菜	*Potamogeton cristatus*
680	眼子菜科	眼子菜	*Potamogeton distinctus*
681	沼金花科	短柄粉条儿菜	*Aletris scopulorum*
682	沼金花科	粉条儿菜	*Aletris spicata*
683	薯蓣科	参薯	*Dioscorea alata*
684	薯蓣科	黄独	*Dioscorea bulbifera*
685	薯蓣科	薯莨	*Dioscorea cirrhosa*
686	薯蓣科	粉背薯蓣	*Dioscorea collettii*
687	薯蓣科	山薯	*Dioscorea fordii*
688	薯蓣科	纤细薯蓣	*Dioscorea gracillima*
689	薯蓣科	日本薯蓣	*Dioscorea japonica*

(续)

序号	科名	种名	学名
690	薯蓣科	褐苞薯蓣	*Dioscorea persimilis*
691	薯蓣科	薯蓣	*Dioscorea polystachya*
692	薯蓣科	绵萆薢	*Dioscorea spongiosa*
693	薯蓣科	细柄薯蓣	*Dioscorea tenuipes*
694	薯蓣科	山萆薢	*Dioscorea tokoro*
695	薯蓣科	盾叶薯蓣	*Dioscorea zingiberensis*
696	百部科	黄精叶钩吻	*Croomia japonica*
697	百部科	百部	*Stemona japonica*
698	百部科	大百部	*Stemona tuberosa*
699	藜芦科	球药隔重楼	*Paris fargesii*
700	藜芦科	华重楼	*Paris polyphylla* var. *chinensis*
701	藜芦科	黑籽重楼	*Paris thibetica*
702	藜芦科	中国白丝草	*Chionographis chinensis*
703	藜芦科	藜芦	*Veratrum nigrum*
704	藜芦科	长梗藜芦	*Veratrum oblongum*
705	藜芦科	牯岭藜芦	*Veratrum schindleri*
706	秋水仙科	万寿竹	*Disporum cantoniense*
707	秋水仙科	少花万寿竹	*Disporum uniflorum*
708	菝葜科	尖叶菝葜	*Smilax arisanensis*
709	菝葜科	菝葜	*Smilax china*
710	菝葜科	小果菝葜	*Smilax davidiana*
711	菝葜科	托柄菝葜	*Smilax discotis*
712	菝葜科	土茯苓	*Smilax glabra*
713	菝葜科	黑果菝葜	*Smilax glaucochina*
714	菝葜科	肖菝葜	*Heterosmilax japonica*
715	菝葜科	马甲菝葜	*Smilax lanceifolia*
716	菝葜科	折枝菝葜	*Smilax lanceifolia* var. *elongata*
717	菝葜科	暗色菝葜	*Smilax lanceifolia*
718	菝葜科	缘脉菝葜	*Smilax nervomarginata*
719	菝葜科	白背牛尾菜	*Smilax nipponica*
720	菝葜科	牛尾菜	*Smilax riparia*
721	菝葜科	华东菝葜	*Smilax sieboldii*
722	菝葜科	鞘柄菝葜	*Smilax stans*
723	百合科	野百合	*Lilium brownii*
724	百合科	百合	*Lilium brownii* var. *viridulum*
725	百合科	药百合	*Lilium speciosum* var. *gloriosoides*
726	百合科	卷丹	*Lilium tigrinum*
727	百合科	油点草	*Tricyrtis macropoda*
728	百合科	黄花油点草	*Tricyrtis pilosa*
729	百合科	荞麦叶大百合	*Cardiocrinum cathayanum*
730	百合科	大百合	*Cardiocrinum giganteum*

(续)

(续)

序号	科名	种名	学名
731	兰科	香港绶草	*Spiranthes hongkongensis*
732	兰科	绶草	*Spiranthes sinensis*
733	兰科	苞舌兰	*Spathoglottis pubescens*
734	兰科	独花兰	*Changnienia amoena*
735	兰科	镰翅羊耳蒜	*Liparis bootanensis*
736	兰科	福建羊耳蒜	*Liparis dunnii*
737	兰科	长苞羊耳蒜	*Liparis inaperta*
738	兰科	见血青	*Liparis nervosa*
739	兰科	香花羊耳蒜	*Liparis odorata*
740	兰科	长唇羊耳蒜	*Liparis pauliana*
741	兰科	柄叶羊耳蒜	*Liparis petiolata*
742	兰科	广东石豆兰	*Bulbophyllum kwangtungense*
743	兰科	黄兰	*Cephalantheropsis obcordata*
744	兰科	金兰	*Cephalanthera falcata*
745	兰科	虾脊兰	*Calanthe discolor*
746	兰科	钩距虾脊兰	*Calanthe graciliflora*
747	兰科	反瓣虾脊兰	*Calanthe reflexa*
748	兰科	无距虾脊兰	*Calanthe tsoongiana*
749	兰科	带唇兰	*Tainia dunnii*
750	兰科	广东齿唇兰	*Odontochilus guangdongensis*
751	兰科	小叶鸢尾兰	*Oberonia japonica*
752	兰科	带叶兰	*Taeniophyllum glandulosum*
753	兰科	建兰	*Cymbidium ensifolium*
754	兰科	蕙兰	*Cymbidium faberi*
755	兰科	多花兰	*Cymbidium floribundum*
756	兰科	春兰	*Cymbidium goeringii*
757	兰科	寒兰	*Cymbidium kanran*
758	兰科	峨眉春蕙	*Cymbidium omeiense*
759	兰科	墨兰	*Cymbidium sinense*
760	兰科	叉唇角盘兰	*Herminium lanceum*
761	兰科	单叶厚唇兰	*Epigeneium fargesii*
762	兰科	细茎石斛	*Dendrobium moniliforme*
763	兰科	无柱兰（细葶无柱兰）	*Amitostigma gracile*
764	兰科	大花斑叶兰	*Goodyera biflora*
765	兰科	多叶斑叶兰	*Goodyera foliosa*
766	兰科	光萼斑叶兰	*Goodyera henryi*
767	兰科	小小斑叶兰	*Goodyera pusilla*
768	兰科	斑叶兰（大斑叶兰）	*Goodyera schlechtendaliana*
769	兰科	绒叶斑叶兰	*Goodyera velutina*
770	兰科	小小斑叶兰	*Goodyera yangmeishanensis*
771	兰科	流苏贝母兰	*Coelogyne fimbriata*

(续)

序号	科名	种名	学名
772	兰科	毛莛玉凤花（毛葶玉凤花）	*Habenaria ciliolaris*
773	兰科	鹅毛玉凤花	*Habenaria dentata*
774	兰科	线瓣玉凤花	*Habenaria fordii*
775	兰科	线叶十字兰（线叶玉凤花）	*Habenaria linearifolia*
776	兰科	裂瓣玉凤花	*Habenaria petelotii*
777	兰科	橙黄玉凤花	*Habenaria rhodocheila*
778	兰科	金线兰（花叶开唇兰）	*Anoectochilus roxburghii*
779	兰科	白及（白芨）	*Bletilla striata*
780	兰科	竹叶兰	*Arundina graminifolia*
781	兰科	细叶石仙桃	*Pholidota cantonensis*
782	兰科	石仙桃	*Pholidota chinensis*
783	兰科	黄花鹤顶兰	*Phaius flavus*
784	兰科	小花阔蕊兰	*Peristylus affinis*
785	兰科	长须阔蕊兰	*Peristylus calcaratus*
786	兰科	狭穗阔蕊兰	*Peristylus densus*
787	兰科	阔蕊兰	*Peristylus goodyeroides*
788	兰科	舌唇兰	*Platanthera japonica*
789	兰科	尾瓣舌唇兰	*Platanthera mandarinorum*
790	兰科	小舌唇兰	*Platanthera minor*
791	兰科	筒距舌唇兰	*Platanthera tipuloides*
792	兰科	小花蜻蜓兰（东亚舌唇兰）	*Platanthera ussuriensis*
793	兰科	独蒜兰	*Pleione bulbocodioides*
794	兰科	小沼兰	*Oberonioides microtatantha*
795	仙茅科	仙茅	*Curculigo orchioides*
796	仙茅科	小金梅草	*Hypoxis aurea Lour*
797	鸢尾科	射干	*Belamcanda chinensis*
798	鸢尾科	单苞鸢尾	*Iris anguifuga*
799	鸢尾科	蝴蝶花	*Iris japonica*
800	鸢尾科	小花鸢尾	*Iris speculatrix*
801	鸢尾科	鸢尾	*Iris tectorum*
802	阿福花科	山菅	*Dianella ensifolia*
803	阿福花科	黄花菜	*Hemerocallis citrina*
804	阿福花科	萱草	*Hemerocallis fulva*
805	石蒜科	洋葱	*Allium cepa*
806	石蒜科	藠头	*Allium chinense*
807	石蒜科	葱	*Allium fistulosum*
808	石蒜科	薤白	*Allium macrostemon*
809	石蒜科	蒜	*Allium sativum*
810	石蒜科	韭	*Allium tuberosum*
811	石蒜科	忽地笑	*Lycoris aurea*
812	石蒜科	石蒜	*Lycoris radiata*

(续)

序号	科名	种名	学名
813	天门冬科	蜘蛛抱蛋	*Aspidistra elatior*
814	天门冬科	流苏蜘蛛抱蛋	*Aspidistra fimbriata*
815	天门冬科	九龙盘	*Aspidistra lurida*
816	天门冬科	绵枣儿	*Barnardia japonica*
817	天门冬科	竹根七（假万寿竹）	*Disporopsis fuscopicta*
818	天门冬科	深裂竹根七（竹根假万寿竹）	*Disporopsis pernyi*
819	天门冬科	多花黄精	*Polygonatum cyrtonema*
820	天门冬科	长梗黄精	*Polygonatum filipes*
821	天门冬科	节根黄精	*Polygonatum nodosum*
822	天门冬科	玉竹	*Polygonatum odoratum*
823	天门冬科	鹿药	*Maianthemum japonicum*
824	天门冬科	禾叶山麦冬	*Liriope graminifolia*
825	天门冬科	阔叶山麦冬	*Liriope muscari*
826	天门冬科	山麦冬	*Liriope spicata*
827	天门冬科	天门冬	*Asparagus cochinchinensis*
828	天门冬科	玉簪	*Hosta plantaginea*
829	天门冬科	紫萼	*Hosta ventricosa*
830	天门冬科	沿阶草	*Ophiopogon bodinieri*
831	天门冬科	麦冬	*Ophiopogon japonicus*
832	天门冬科	吉祥草	*Reineckea carnea*
833	天门冬科	开口箭	*Rohdea chinensis*
834	棕榈科	棕榈	*Trachycarpus fortunei*
835	鸭跖草科	聚花草	*Floscopa scandens*
836	鸭跖草科	疣草	*Murdannia keisak*
837	鸭跖草科	裸花水竹叶	*Murdannia nudiflora*
838	鸭跖草科	杜若	*Pollia japonica*
839	鸭跖草科	鸭跖草	*Commelina communis*
840	鸭跖草科	大苞鸭跖草	*Commelina paludosa*
841	雨久花科	凤眼蓝	*Eichhornia crassipes*
842	雨久花科	雨久花	*Monochoria korsakowii*
843	雨久花科	鸭舌草	*Monochoria vaginalis*
844	芭蕉科	野蕉	*Musa balbisiana*
845	美人蕉科	黄花美人蕉	*Canna indica*
846	美人蕉科	美人蕉（蕉芋）	*Canna indica*
847	姜科	舞花姜	*Globba racemosa*
848	姜科	蘘荷	*Zingiber mioga*
849	姜科	姜	*Zingiber officinale*
850	姜科	山姜（福建土砂仁）	*Alpinia japonica*
851	姜科	华山姜	*Alpinia oblongifolia*
852	姜科	高良姜	*Alpinia officinarum*
853	谷精草科	谷精草	*Eriocaulon buergerianum*

(续)

(续)

序号	科名	种名	学名
854	谷精草科	白药谷精草	*Eriocaulon cinereum*
855	谷精草科	长苞谷精草	*Eriocaulon decemflorum*
856	谷精草科	江南谷精草	*Eriocaulon faberi*
857	灯心草科	翅茎灯芯草	*Juncus alatus*
858	灯心草科	星花灯芯草	*Juncus diastrophanthus*
859	灯心草科	灯芯草	*Juncus effusus*
860	灯心草科	笄石菖	*Juncus prismatocarpus*
861	灯心草科	野灯芯草	*Juncus setchuensis*
862	灯心草科	假灯芯草	*Juncus setchuensis* var. *effusoides*
863	灯心草科	羽毛地杨梅	*Luzula plumosa*
864	莎草科	阿穆尔莎草	*Cyperus amuricus*
865	莎草科	密穗砖子苗	*Cyperus compactus*
866	莎草科	扁穗莎草	*Cyperus compressus*
867	莎草科	长尖莎草	*Cyperus cuspidatus*
868	莎草科	砖子苗	*Cyperus cyperoides*
869	莎草科	异型莎草	*Cyperus difformis*
870	莎草科	畦畔莎草	*Cyperus haspan*
871	莎草科	碎米莎草	*Cyperus iria*
872	莎草科	旋鳞莎草	*Cyperus michelianus*
873	莎草科	具芒碎米莎草	*Cyperus microiria*
874	莎草科	三轮草	*Cyperus orthostachyus*
875	莎草科	香附子	*Cyperus rotundus*
876	莎草科	水莎草	*Cyperus serotinus*
877	莎草科	窄穗莎草	*Cyperus tenuispica*
878	莎草科	黑莎草	*Gahnia tristis*
879	莎草科	球穗薹草	*Carex amgunensis*
880	莎草科	青绿薹草	*Carex breviculmis*
881	莎草科	亚澳薹草	*Carex brownii*
882	莎草科	褐果薹草	*Carex brunnea*
883	莎草科	发秆薹草	*Carex capillacea*
884	莎草科	中华薹草	*Carex chinensis*
885	莎草科	灰化薹草	*Carex cinerascens*
886	莎草科	缘毛薹草	*Carex craspedotricha*
887	莎草科	十字薹草	*Carex cruciata*
888	莎草科	签草	*Carex doniana*
889	莎草科	蕨状薹草	*Carex filicina*
890	莎草科	福建薹草	*Carex fokienensis*
891	莎草科	穿孔薹草	*Carex foraminata*
892	莎草科	穹隆薹草	*Carex gibba*
893	莎草科	长梗薹草	*Carex glossostigma*
894	莎草科	日本薹草	*Carex japonica*

(续)

(续)

序号	科名	种名	学名
895	莎草科	大披针薹草	*Carex lanceolata*
896	莎草科	弯喙薹草	*Carex laticeps*
897	莎草科	舌叶薹草	*Carex ligulata*
898	莎草科	套鞘薹草	*Carex maubertiana*
899	莎草科	条穗薹草	*Carex nemostachys*
900	莎草科	镜子薹草	*Carex phacota*
901	莎草科	粉被薹草	*Carex pruinosa*
902	莎草科	松叶薹草	*Carex rara*
903	莎草科	大理薹草	*Carex rubrobrunnea* var. *taliensis*
904	莎草科	花葶薹草（花葶薹草）	*Carex scaposa*
905	莎草科	宽叶薹草	*Carex siderosticta*
906	莎草科	横果薹草	*Carex transversa*
907	莎草科	三穗薹草	*Carex tristachya*
908	莎草科	球柱草	*Bulbostylis barbata*
909	莎草科	宽穗扁莎	*Pycreus diaphanus*
910	莎草科	球穗扁莎	*Pycreus flavidus*
911	莎草科	鳞籽莎	*Lepidosperma chinense*
912	莎草科	水毛花	*Schoenoplectiella mucronata*
913	莎草科	三棱水葱（藨草）	*Schoenoplectus triqueter*
914	莎草科	紫果蔺	*Eleocharis atropurpurea*
915	莎草科	密花荸荠	*Eleocharis congesta*
916	莎草科	荸荠	*Eleocharis dulcis*
917	莎草科	具刚毛荸荠	*Eleocharis valleculosa* var. *setosa*
918	莎草科	牛毛毡	*Eleocharis yokoscensis*
919	莎草科	庐山藨草	*Scirpus lushanensis*
920	莎草科	百球藨草	*Scirpus rosthornii*
921	莎草科	玉山蔺藨草	*Trichophorum subcapitatum*
922	莎草科	二花珍珠茅	*Scleria biflora*
923	莎草科	毛果珍珠茅	*Scleria levis*
924	莎草科	垂序珍珠茅	*Scleria rugosa*
925	莎草科	短叶水蜈蚣	*Kyllinga brevifolia*
926	莎草科	单穗水蜈蚣	*Kyllinga nemoralis*
927	莎草科	刺子莞	*Rhynchospora rubra*
928	莎草科	夏飘拂草	*Fimbristylis aestivalis*
929	莎草科	复序飘拂草	*Fimbristylis bisumbellata*
930	莎草科	两歧飘拂草	*Fimbristylis dichotoma*
931	莎草科	拟二叶飘拂草	*Fimbristylis diphylloides*
932	莎草科	宜昌飘拂草	*Fimbristylis henryi*
933	莎草科	水虱草	*Fimbristylis littoralis*
934	莎草科	结状飘拂草	*Fimbristylis rigidula*
935	莎草科	少穗飘拂草	*Fimbristylis schoenoides*

(续)

(续)

序号	科名	种名	学名
936	莎草科	双穗飘拂草	*Fimbristylis subbispicata*
937	莎草科	伞形飘拂草	*Fimbristylis umbellaris*
938	禾本科	柳叶箬	*Isachne globosa*
939	禾本科	日本柳叶箬	*Isachne nipponensis*
940	禾本科	狗牙根	*Cynodon dactylon*
941	禾本科	青香茅	*Cymbopogon mekongensis*
942	禾本科	橘草	*Cymbopogon goeringii*
943	禾本科	茵草	*Beckmannia syzigachne*
944	禾本科	薏苡	*Coix lacryma-jobi*
945	禾本科	有芒鸭嘴草	*Ischaemum aristatum*
946	禾本科	鸭嘴草	*Ischaemum aristatum*
947	禾本科	看麦娘	*Alopecurus aequalis*
948	禾本科	日本看麦娘	*Alopecurus japonicus*
949	禾本科	华北剪股颖	*Agrostis clavata*
950	禾本科	台湾剪股颖	*Agrostis sozanensis*
951	禾本科	巨序剪股颖	*Agrostis gigantea*
952	禾本科	拂子茅	*Calamagrostis epigeios*
953	禾本科	荩草	*Arthraxon hispidus*
954	禾本科	雀麦	*Bromus japonicus*
955	禾本科	疏花雀麦	*Bromus remotiflorus*
956	禾本科	大狗尾草	*Setaria faberi*
957	禾本科	棕叶狗尾草	*Setaria palmifolia*
958	禾本科	幽狗尾草	*Setaria parviflora*
959	禾本科	皱叶狗尾草	*Setaria plicata*
960	禾本科	金色狗尾草	*Setaria pumila*
961	禾本科	狗尾草	*Setaria viridis*
962	禾本科	毛臂形草	*Brachiaria villosa*
963	禾本科	硬秆子草	*Capillipedium assimile*
964	禾本科	细柄草	*Capillipedium parviflorum*
965	禾本科	白顶早熟禾	*Poa acroleuca*
966	禾本科	早熟禾	*Poa annua*
967	禾本科	柯孟披碱草（鹅观草）	*Elymus kamoji*
968	禾本科	牛筋草	*Eleusine indica*
969	禾本科	鼠妇草	*Eragrostis atrovirens*
970	禾本科	秋画眉草	*Eragrostis autumnalis*
971	禾本科	大画眉草	*Eragrostis cilianensis*
972	禾本科	珠芽画眉草	*Eragrostis cumingii*
973	禾本科	知风草	*Eragrostis ferruginea*
974	禾本科	乱草	*Eragrostis japonica*
975	禾本科	小画眉草	*Eragrostis minor*
976	禾本科	多秆画眉草	*Eragrostis multicaulis*

(续)

(续)

序号	科名	种名	学名
977	禾本科	疏穗画眉草	Eragrostis perlaxa
978	禾本科	画眉草	Eragrostis pilosa
979	禾本科	疏穗野青茅	Deyeuxia effusiflora
980	禾本科	野青茅	Deyeuxia pyramidalis
981	禾本科	升马唐	Digitaria ciliaris
982	禾本科	毛马唐	Digitaria ciliaris var. chrysoblephara
983	禾本科	止血马唐	Digitaria ischaemum
984	禾本科	红尾翎	Digitaria radicosa
985	禾本科	马唐	Digitaria sanguinalis
986	禾本科	野黍	Eriochloa villosa
987	禾本科	长芒稗	Echinochloa caudata
988	禾本科	光头稗	Echinochloa colona
989	禾本科	稗	Echinochloa crus-galli
990	禾本科	小旱稗	Echinochloa crus-galli var. austrojaponensis
991	禾本科	无芒稗	Echinochloa crus-galli var. mitis
992	禾本科	水田稗	Echinochloa oryzoides
993	禾本科	鹧鸪草	Eriachne pallescens
994	禾本科	囊颖草	Sacciolepis indica
995	禾本科	鼠尾囊颖草	Sacciolepis myosuroides
996	禾本科	孝顺竹	Bambusa multiplex
997	禾本科	野燕麦	Avena fatua
998	禾本科	大序野古草	Arundinella cochinchinensis
999	禾本科	毛秆野古草	Arundinella hirta
1000	禾本科	石芒草	Arundinella nepalensis
1001	禾本科	刺芒野古草	Arundinella setosa
1002	禾本科	白茅	Imperata cylindrica
1003	禾本科	黄茅	Heteropogon contortus
1004	禾本科	四脉金茅	Eulalia quadrinervis
1005	禾本科	金茅	Eulalia speciosa
1006	禾本科	扁穗牛鞭草	Hemarthria compressa
1007	禾本科	牛鞭草	Hemarthria sibirica
1008	禾本科	水禾	Hygroryza aristata
1009	禾本科	五节芒	Miscanthus floridulus
1010	禾本科	荻	Miscanthus sacchariflorus
1011	禾本科	芒	Miscanthus sinensis
1012	禾本科	毛竹	Phyllostachys edulis
1013	禾本科	淡竹	Phyllostachys glauca
1014	禾本科	水竹	Phyllostachys heteroclada
1015	禾本科	毛金竹	Phyllostachys nigra
1016	禾本科	芦苇	Phragmites australis
1017	禾本科	显子草	Phaenosperma globosa

(续)

(续)

序号	科名	种名	学名
1018	禾本科	洽草	*Koeleria macrantha*
1019	禾本科	斑茅	*Saccharum arundinaceum*
1020	禾本科	甘蔗	*Saccharum officinarum*
1021	禾本科	虮子草	*Leptochloa panicea*
1022	禾本科	金丝草	*Pogonatherum crinitum*
1023	禾本科	双穗雀稗	*Paspalum distichum*
1024	禾本科	圆果雀稗	*Paspalum scrobiculatum* var. *orbiculare*
1025	禾本科	雀稗	*Paspalum thunbergii*
1026	禾本科	求米草	*Oplismenus undulatifolius*
1027	禾本科	糠稷	*Panicum bisulcatum*
1028	禾本科	短叶黍	*Panicum brevifolium*
1029	禾本科	铺地黍	*Panicum repens*
1030	禾本科	稻	*Oryza sativa*
1031	禾本科	棒头草	*Polypogon fugax*
1032	禾本科	长芒棒头草	*Polypogon monspeliensis*
1033	禾本科	狼尾草	*Pennisetum alopecuroides*
1034	禾本科	荩竹	*Microstegium vimineum*
1035	禾本科	结缕草	*Zoysia japonica*
1036	禾本科	中华结缕草	*Zoysia sinica*
1037	禾本科	菰	*Zizania latifolia*
1038	禾本科	玉蜀黍	*Zea mays*
1039	禾本科	淡竹叶	*Lophatherum gracile*
1040	禾本科	毛鞘箬竹	*Indocalamus hirtivaginatus*
1041	禾本科	阔叶箬竹	*Indocalamus latifolius*
1042	禾本科	箬竹	*Indocalamus tessellatus*
1043	禾本科	刺叶假金发草	*Pseudopogonatherum koretrostachys*
1044	禾本科	福建茶竿竹	*Pseudosasa amabilis* var. *convexa*
1045	禾本科	筒轴茅	*Rottboellia cochinchinensis*
1046	禾本科	乱子草	*Muhlenbergia huegelii*
1047	禾本科	日本乱子草	*Muhlenbergia japonica*
1048	禾本科	多枝乱子草	*Muhlenbergia ramosa*
1049	禾本科	棕叶芦	*Thysanolaena latifolia*
1050	禾本科	山类芦	*Neyraudia montana*
1051	禾本科	类芦	*Neyraudia reynaudiana*
1052	禾本科	鼠尾粟	*Sporobolus fertilis*
1053	禾本科	多花黑麦草	*Lolium multiflorum*
1054	禾本科	黑麦草	*Lolium perenne*
1055	禾本科	臭根子草	*Bothriochloa bladhii*
1056	禾本科	白羊草	*Bothriochloa ischaemum*
1057	禾本科	假俭草	*Eremochloa ophiuroides*
1058	金鱼藻科	金鱼藻	*Ceratophyllum demersum*

(续)

(续)

序号	科名	种名	学名
1059	罂粟科	博落回	*Macleaya cordata*
1060	罂粟科	血水草	*Eomecon chionantha*
1061	罂粟科	北越紫堇	*Corydalis balansae*
1062	罂粟科	夏天无	*Corydalis decumbens*
1063	罂粟科	紫堇	*Corydalis edulis*
1064	罂粟科	黄堇	*Corydalis pallida*
1065	罂粟科	小花黄堇	*Corydalis racemosa*
1066	罂粟科	全叶延胡索	*Corydalis repens*
1067	罂粟科	地锦苗	*Corydalis shearer*
1068	木通科	野木瓜	*Stauntonia chinensis*
1069	木通科	显脉野木瓜	*Stauntonia conspicua*
1070	木通科	尾叶那藤	*Stauntonia obovatifoliola* subsp. *urophylla*
1071	木通科	大血藤	*Sargentodoxa cuneata*
1072	木通科	木通	*Akebia quinata*
1073	木通科	三叶木通	*Akebia trifoliata*
1074	木通科	白木通	*Akebia trifoliata* subsp. *australis*
1075	木通科	五叶瓜藤	*Holboellia angustifolia*
1076	木通科	鹰爪枫	*Holboellia coriacea*
1077	木通科	牛姆瓜	*Holboellia grandiflora*
1078	防己科	粉叶轮环藤	*Cyclea hypoglauca*
1079	防己科	轮环藤	*Cyclea racemosa*
1080	防己科	青牛胆	*Tinospora sagittata*
1081	防己科	金线吊乌龟	*Stephania cephalantha*
1082	防己科	千金藤	*Stephania japonica*
1083	防己科	粪箕笃	*Stephania longa*
1084	防己科	粉防己	*Stephania tetrandra*
1085	防己科	细圆藤	*Pericampylus glaucus*
1086	防己科	秤钩风	*Diploclisia affinis*
1087	防己科	苍白秤钩风	*Diploclisia glaucescens*
1088	防己科	木防己	*Cocculus orbiculatus*
1089	防己科	风龙	*Sinomenium acutum*
1090	小檗科	淫羊藿	*Epimedium brevicornu*
1091	小檗科	三枝九叶草	*Epimedium sagittatum*
1092	小檗科	六角莲	*Dysosma pleiantha*
1093	小檗科	八角莲	*Dysosma versipellis*
1094	小檗科	南天竹	*Nandina domestica*
1095	小檗科	华东小檗	*Berberis chingii*
1096	小檗科	豪猪刺	*Berberis julianae*
1097	小檗科	庐山小檗	*Berberis virgetorum*
1098	小檗科	阔叶十大功劳	*Mahonia bealei*
1099	小檗科	小果十大功劳	*Mahonia bodinieri*

(续)

序号	科名	种名	学名
1100	小檗科	北江十大功劳	*Mahonia fordii*
1101	小檗科	台湾十大功劳	*Mahonia japonica*
1102	毛茛科	秋牡丹	*Anemone hupehensis* var. *japonica*
1103	毛茛科	小升麻	*Cimicifuga japonica*
1104	毛茛科	单穗升麻	*Cimicifuga simplex*
1105	毛茛科	禺毛茛	*Ranunculus cantoniensis*
1106	毛茛科	茴茴蒜	*Ranunculus chinensis*
1107	毛茛科	西南毛茛	*Ranunculus ficariifolius*
1108	毛茛科	毛茛	*Ranunculus japonicus*
1109	毛茛科	三小叶毛茛	*Ranunculus japonicus* var. *ternatifolius*
1110	毛茛科	石龙芮	*Ranunculus sceleratus*
1111	毛茛科	扬子毛茛	*Ranunculus sieboldii*
1112	毛茛科	猫爪草	*Ranunculus ternatus*
1113	毛茛科	乌头	*Aconitum carmichaelii*
1114	毛茛科	赣皖乌头	*Aconitum finetianum*
1115	毛茛科	尖叶唐松草	*Thalictrum acutifolium*
1116	毛茛科	大叶唐松草	*Thalictrum faberi*
1117	毛茛科	华东唐松草	*Thalictrum fortunei*
1118	毛茛科	爪哇唐松草	*Thalictrum javanicum*
1119	毛茛科	东亚唐松草	*Thalictrum minus* var. *hypoleucum*
1120	毛茛科	阴地唐松草	*Thalictrum umbricola*
1121	毛茛科	天葵	*Semiaquilegia adoxoides*
1122	毛茛科	黄连	*Coptis chinensis*
1123	毛茛科	短萼黄连	*Coptis chinensis* var. *brevisepala*
1124	毛茛科	女萎	*Clematis apiifolia*
1125	毛茛科	钝齿铁线莲	*Clematis apiifolia* var. *argentilucida*
1126	毛茛科	小木通	*Clematis armandii*
1127	毛茛科	威灵仙	*Clematis chinensis*
1128	毛茛科	山木通	*Clematis finetiana*
1129	毛茛科	重瓣铁线莲	*Clematis florida*
1130	毛茛科	单叶铁线莲	*Clematis henryi*
1131	毛茛科	毛蕊铁线莲	*Clematis lasiandra*
1132	毛茛科	毛柱铁线莲	*Clematis meyeniana*
1133	毛茛科	裂叶铁线莲	*Clematis parviloba*
1134	毛茛科	毛果铁线莲	*Clematis peterae* var. *trichocarpa*
1135	毛茛科	华中铁线莲	*Clematis pseudootophora*
1136	毛茛科	扬子铁线莲	*Clematis puberula* var. *ganpiniana*
1137	毛茛科	五叶铁线莲	*Clematis quinquefoliolata*
1138	毛茛科	柱果铁线莲	*Clematis uncinata*
1139	清风藤科	珂南树	*Meliosma alba*
1140	清风藤科	泡花树	*Meliosma cuneifolia*

(续)

(续)

序号	科名	种名	学名
1141	清风藤科	垂枝泡花树	*Meliosma flexuosa*
1142	清风藤科	多花泡花树	*Meliosma myriartha*
1143	清风藤科	柔毛泡花树	*Meliosma myriartha* var. *pilosa*
1144	清风藤科	红柴枝	*Meliosma oldhamii*
1145	清风藤科	腋毛泡花树	*Meliosma rhoifolia*
1146	清风藤科	笔罗子	*Meliosma rigida*
1147	清风藤科	毡毛泡花树	*Meliosma rigida* var. *pannosa*
1148	清风藤科	鄂西清风藤	*Sabia campanulata*
1149	清风藤科	革叶清风藤	*Sabia coriacea*
1150	清风藤科	灰背清风藤	*Sabia discolor*
1151	清风藤科	清风藤	*Sabia japonica*
1152	清风藤科	尖叶清风藤	*Sabia swinboei*
1153	莲科	莲	*Nelumbo nucifera*
1154	悬铃木科	二球悬铃木	*Platanus acerifolia*
1155	山龙眼科	小果山龙眼	*Helicia cochinchinensis*
1156	山龙眼科	网脉山龙眼	*Helicia reticulata*
1157	黄杨科	雀舌黄杨	*Buxus bodinieris*
1158	黄杨科	黄杨	*Buxus sinica*
1159	黄杨科	尖叶黄杨	*Buxus sinica* var. *aemulans*
1160	黄杨科	多毛板凳果	*Pachysandra axillaris* var. *stylosa*
1161	黄杨科	东方野扇花	*Sarcococca orientalis*
1162	蕈树科	蕈树	*Altingia chinensis*
1163	蕈树科	细柄蕈树	*Altingia gracilipes*
1164	蕈树科	缺萼枫香树	*Liquidambar acalycina*
1165	蕈树科	枫香树	*Liquidambar formosana*
1166	蕈树科	半枫荷	*Semiliquidambar cathayensis*
1167	金缕梅科	小叶蚊母树	*Distylium buxifolium*
1168	金缕梅科	闽粤蚊母树	*Distylium chungii*
1169	金缕梅科	杨梅叶蚊母树	*Distylium myricoides*
1170	金缕梅科	檵木	*Loropetalum chinense*
1171	金缕梅科	水丝梨	*Sycopsis sinensis*
1172	金缕梅科	腺蜡瓣花	*Corylopsis glandulifera*
1173	金缕梅科	蜡瓣花	*Corylopsis sinensis*
1174	金缕梅科	秃蜡瓣花	*Corylopsis sinensis* var. *calvescens*
1175	连香树科	连香树	*Cercidiphyllum japonicum*
1176	虎皮楠科	交让木	*Daphniphyllum macropodrum*
1177	虎皮楠科	虎皮楠	*Daphniphyllum oldhamii*
1178	鼠刺科	鼠刺	*Itea chinensis*
1179	鼠刺科	峨眉鼠刺	*Itea omeiensis*
1180	虎耳草科	大叶金腰	*Chrysosplenium macrophyllum*
1181	虎耳草科	中华金腰	*Chrysosplenium sinicum*

(续)

序号	科名	种名	学名
1182	虎耳草科	落新妇	*Astilbe chinensis*
1183	虎耳草科	大落新妇	*Astilbe grandis*
1184	虎耳草科	黄水枝	*Tiarella polyphylla*
1185	虎耳草科	虎耳草	*Saxifraga stolonifera*
1186	景天科	瓦松	*Orostachys fimbriata*
1187	景天科	落地生根	*Bryophyllum pinnatum*
1188	景天科	东南景天	*Sedum alfredii* Hance
1189	景天科	对叶景天	*Sedum baileyi*
1190	景天科	珠芽景天	*Sedum bulbiferum*
1191	景天科	凹叶景天	*Sedum emarginatum*
1192	景天科	日本景天	*Sedum japonicum*
1193	景天科	佛甲草	*Sedum lineare*
1194	景天科	藓状景天	*Sedum polytrichoides*
1195	景天科	垂盆草	*Sedum sarmentosum*
1196	景天科	火焰草	*Castilleja pallida*
1197	景天科	细小景天	*Sedum subtile*
1198	景天科	费菜	*Phedimus aizoon*
1199	扯根菜科	扯根菜	*Penthorum chinense*
1200	小二仙草科	小二仙草	*Gonocarpus micranthus*
1201	葡萄科	山葡萄	*Vitis amurensis*
1202	葡萄科	小果葡萄	*Vitis balanseana*
1203	葡萄科	蘡薁	*Vitis bryoniifolia*
1204	葡萄科	东南葡萄	*Vitis chunganensis*
1205	葡萄科	刺葡萄	*Vitis davidii*
1206	葡萄科	锈毛刺葡萄	*Vitis davidii* var.*ferruginea*
1207	葡萄科	葛藟葡萄	*Vitis flexuosa*
1208	葡萄科	毛葡萄	*Vitis heyneana*
1209	葡萄科	华东葡萄	*Vitis pseudoreticulata*
1210	葡萄科	小叶葡萄	*Vitis sinocinerea*
1211	葡萄科	狭叶葡萄	*Vitis tsoi*
1212	葡萄科	网脉葡萄	*Vitis wilsoniae*
1213	葡萄科	广东蛇葡萄	*Ampelopsis cantoniensis*
1214	葡萄科	羽叶蛇葡萄	*Ampelopsis chaffanjonii*
1215	葡萄科	广东蛇葡萄	*Ampelopsis cantoniensis*
1216	葡萄科	羽叶蛇葡萄	*Ampelopsis chaffanjonii*
1217	葡萄科	三裂蛇葡萄	*Ampelopsis delavayana*
1218	葡萄科	蛇葡萄	*Ampelopsis glandulosa*
1219	葡萄科	光叶蛇葡萄	*Ampelopsis glandulosa* var. *hancei*
1220	葡萄科	异叶蛇葡萄	*Ampelopsis glandulosa* var. *heterophylla*
1221	葡萄科	牯岭蛇葡萄	*Ampelopsis glandulosa* var. *kulingensis*
1222	葡萄科	显齿蛇葡萄	*Ampelopsis grossedentata*

(续)

序号	科名	种名	学名
1223	葡萄科	显齿蛇葡萄	*Ampelopsis grossedentata*
1224	葡萄科	葎叶蛇葡萄	*Ampelopsis humulifolia*
1225	葡萄科	白蔹	*Ampelopsis japonica*
1226	葡萄科	柔毛大叶蛇葡萄	*Ampelopsis megalophylla* var. *jiangxiensis*
1227	葡萄科	毛枝蛇葡萄	*Ampelopsis rubifolia*
1228	葡萄科	三叶崖爬藤	*Tetrastigma hemsleyanum*
1229	葡萄科	崖爬藤	*Tetrastigma obtectum*
1230	葡萄科	苦郎藤	*Cissus assamica*
1231	葡萄科	大果俞藤	*Yua austroorientalis*
1232	葡萄科	俞藤	*Yua thomsonii*
1233	葡萄科	异叶地锦	*Parthenocissus dalzielii*
1234	葡萄科	绿叶地锦	*Parthenocissus laetevirens*
1235	葡萄科	地锦	*Parthenocissus tricuspidata*
1236	葡萄科	角花乌蔹莓	*Cayratia corniculata*
1237	葡萄科	乌蔹莓	*Cayratia japonica*
1238	葡萄科	华中乌蔹莓	*Cayratia oligocarpa*
1239	葡萄科	异果拟乌蔹莓	*Pseudocayratia dichromocarpa*
1240	葡萄科	华中拟乌蔹莓	*Pseudocayratia oligocarpa*
1241	蒺藜科	蒺藜	*Tribulus terrestris*
1242	豆科	紫云英	*Astragalus sinicus*
1243	豆科	长萼鸡眼草	*Kummerowia stipulacea*
1244	豆科	鸡眼草	*Kummerowia striata*
1245	豆科	粉叶羊蹄甲	*Bauhinia glauca*
1246	豆科	薄叶羊蹄甲	*Bauhinia glauca* subsp. *tenuiflora*
1247	豆科	紫荆	*Cercis chinensis*
1248	豆科	云实	*Caesalpinia decapetala*
1249	豆科	绿花鸡血藤	*Callerya championii*
1250	豆科	灰毛鸡血藤	*Callerya cinerea*
1251	豆科	密花鸡血藤	*Callerya congestifolia*
1252	豆科	香花鸡血藤	*Callerya dielisana*
1253	豆科	江西鸡血藤	*Callerya kiangsiensis*
1254	豆科	亮叶鸡血藤	*Callerya nitida*
1255	豆科	江西夏藤	*Wisteriopsis kiangsiensis*
1256	豆科	网络夏藤	*Wisteriopsis reticulata*
1257	豆科	杭子梢	*Campylotropis macrocarpa*
1258	豆科	土圞儿	*Apios fortunei*
1259	豆科	锦鸡儿	*Caragana sinica*
1260	豆科	假地豆	*Desmodium heterocarpon*
1261	豆科	小叶细蚂蟥	*Leptodesmia microphylla*
1262	豆科	饿蚂蝗	*Ototropis multiflora*
1263	豆科	刀豆	*Canavalia gladiata*

(续)

（续）

序号	科名	种名	学名
1264	豆科	肥皂荚	*Gymnocladus chinensis*
1265	豆科	深紫木蓝	*Indigofera atropurpurea*
1266	豆科	河北木蓝	*Indigofera bungeana*
1267	豆科	庭藤	*Indigofera decora*
1268	豆科	宜昌木蓝	*Indigofera decora*
1269	豆科	浙江木蓝	*Indigofera parkesii*
1270	豆科	多叶浙江木蓝	*Indigofera parkesii* var. *polyphylla*
1271	豆科	木蓝	*Indigofera tinctoria*
1272	豆科	响铃豆	*Crotalaria albida*
1273	豆科	中国猪屎豆（华野百合）	*Crotalaria chinensis*
1274	豆科	假地蓝	*Crotalaria ferruginea*
1275	豆科	紫花野百合（野百合）	*Crotalaria sessiliflora*
1276	豆科	黄檀	*Dalbergia hupeana*
1277	豆科	象鼻藤	*Dalbergia mimosoides*
1278	豆科	野扁豆	*Dunbaria villosa*
1279	豆科	锈毛鱼藤	*Derris ferruginea*
1280	豆科	中南鱼藤	*Derris fordii*
1281	豆科	翅荚香槐	*Cladrastis platycarpa*
1282	豆科	香槐	*Cladrastis wilsonii*
1283	豆科	合萌	*Aeschynomene indica*
1284	豆科	大豆	*Glycine max*
1285	豆科	野大豆	*Glycine soja*
1286	豆科	豌豆	*Pisum sativum*
1287	豆科	草木樨	*Melilotus officinalis*
1288	豆科	胡枝子	*Lespedeza bicolor*
1289	豆科	绿叶胡枝子	*Lespedeza buergeri*
1290	豆科	截叶铁扫帚	*Lespedeza cuneata*
1291	豆科	短梗胡枝子	*Lespedeza cyrtobotrya*
1292	豆科	大叶胡枝子	*Lespedeza davidii*
1293	豆科	多花胡枝子	*Lespedeza floribunda*
1294	豆科	广东胡枝子	*Lespedeza fordii*
1295	豆科	江西胡枝子	*Lespedeza jiangxiensis*
1296	豆科	铁马鞭	*Lespedeza pilosa*
1297	豆科	美丽胡枝子	*Lespedeza thunbergii*
1298	豆科	绒毛胡枝子	*Lespedeza tomentosa*
1299	豆科	细梗胡枝子	*Lespedeza virgata*
1300	豆科	苜蓿	*Medicago sativa*
1301	豆科	合欢	*Albizia julibrissin*
1302	豆科	山槐	*Albizia kalkora*
1303	豆科	花榈木	*Ormosia henryi*
1304	豆科	红豆树	*Ormosia hosiei*

（续）

(续)

序号	科名	种名	学名
1305	豆科	棉豆	*Phaseolus lunatus*
1306	豆科	菜豆	*Phaseolus vulgaris*
1307	豆科	葛	*Pueraria montana*
1308	豆科	葛麻姆	*Pueraria montana*
1309	豆科	三裂叶野葛	*Pueraria phaseoloides*
1310	豆科	广布野豌豆	*Vicia cracca*
1311	豆科	蚕豆	*Vicia faba*
1312	豆科	小巢菜	*Vicia hirsuta*
1313	豆科	救荒野豌豆	*Vicia sativa*
1314	豆科	四籽野豌豆	*Vicia tetrasperma*
1315	豆科	赤豆	*Vigna angularis*
1316	豆科	贼小豆	*Vigna minima*
1317	豆科	绿豆	*Vigna radiata*
1318	豆科	豇豆	*Vigna unguiculata*
1319	豆科	短豇豆	*Vigna unguiculata* subsp. *cylindrica*
1320	豆科	长豇豆	*Vigna unguiculata* subsp. *sesquipedalis*
1321	豆科	野豇豆	*Vigna vexillata*
1322	豆科	紫藤	*Wisteria sinensis*
1323	豆科	任豆	*Zenia insignis*
1324	豆科	密子豆	*Pycnospora lutescens*
1325	豆科	田菁	*Sesbania cannabina*
1326	豆科	苦参	*Sophora flavescens*
1327	豆科	扁豆	*Lablab purpureus*
1328	豆科	渐尖叶鹿藿	*Rhynchosia acuminatifolia*
1329	豆科	中华鹿藿	*Rhynchosia chinensis*
1330	豆科	鹿藿	*Rhynchosia volubilis*
1331	豆科	红车轴草	*Trifolium pratense*
1332	豆科	白车轴草	*Trifolium repens*
1333	豆科	落花生	*Arachis hypogaea*
1334	豆科	大叶山扁豆	*Chamaecrista leschenaultiana*
1335	豆科	山扁豆	*Chamaecrista nictitans*
1336	豆科	细长柄山蚂蟥	*Hylodesmum leptopus*
1337	豆科	宽卵叶长柄山蚂蟥	*Hylodesmum podocarpum* subsp. *fallax*
1338	豆科	尖叶长柄山蚂蝗	*Hylodesmum podocarpum*
1339	豆科	小槐花	*Ohwia caudata*
1340	豆科	豆薯	*Pachyrhizus erosus*
1341	豆科	刺槐	*Robinia pseudoacacia*
1342	远志科	荷包山桂花	*Polygala arillata*
1343	远志科	华南远志	*Polygala chinensis*
1344	远志科	黄花倒水莲	*Polygala fallax*
1345	远志科	狭叶香港远志	*Polygala hongkongensis* var. *stenophylla*

(续)

序号	科名	种名	学名
1346	远志科	瓜子金	*Polygala japonica*
1347	远志科	狭叶远志	*Polygala stenophylla*
1348	远志科	西伯利亚远志	*Polygala sibirica* L
1349	远志科	小扁豆	*Polygala tatarinowii*
1350	远志科	远志	*Polygala tenuifolia*
1351	远志科	长毛籽远志	*Polygala wattersii*
1352	远志科	齿果草	*Salomonia cantoniensis*
1353	远志科	椭圆叶齿果草	*Salomonia ciliata*
1354	蔷薇科	长叶地榆	*Sanguisorba officinalis* var. *longifolia*
1355	蔷薇科	毛萼红果树	*Stranvaesia amphidoxa*
1356	蔷薇科	波叶红果树	*Stranvaesia davidiana* var. *undulata*
1357	蔷薇科	水榆花楸	*Sorbus alnifolia*
1358	蔷薇科	美脉花楸	*Sorbus caloneura*
1359	蔷薇科	棕脉花楸	*Sorbus dunnii* Rehd
1360	蔷薇科	石灰花楸	*Sorbus folgneri*
1361	蔷薇科	江南花楸	*Sorbus hemsleyi*
1362	蔷薇科	湖北花楸	*Sorbus hupehensis*
1363	蔷薇科	大果花楸	*Sorbus megalocarpa*
1364	蔷薇科	绣球绣线菊	*Spiraea blumei*
1365	蔷薇科	麻叶绣线菊	*Spiraea cantoniensis*
1366	蔷薇科	中华绣线菊	*Spiraea chinensis*
1367	蔷薇科	毛花绣线菊	*Spiraea dasyantha*
1368	蔷薇科	疏毛绣线菊	*Spiraea hirsuta*
1369	蔷薇科	光叶粉花绣线菊	*Spiraea japonica* var. *fortunei*
1370	蔷薇科	短梗稠李	*Padus brachypoda*
1371	蔷薇科	李	*Prunus salicina*
1372	蔷薇科	山桃	*Prunus davidiana*
1373	蔷薇科	桃	*Prunus persica*
1374	蔷薇科	梅	*Prunus mume*
1375	蔷薇科	微毛樱桃	*Prunus clarofolia*
1376	蔷薇科	尾叶樱桃	*Prunus dielsiana*
1377	蔷薇科	郁李	*Prunus japonica*
1378	蔷薇科	樱桃	*Prunus pseudocerasus*
1379	蔷薇科	山樱桃	*Prunus serrulata*
1380	蔷薇科	毛樱桃	*Prunus tomentosa*
1381	蔷薇科	华空木	*Stephanandra chinensis*
1382	蔷薇科	野山楂	*Crataegus cuneata*
1383	蔷薇科	高丛珍珠梅	*Sorbaria arborea*
1384	蔷薇科	中华石楠	*Photinia beauverdiana*
1385	蔷薇科	闽粤石楠	*Photinia benthamiana*
1386	蔷薇科	贵州石楠	*Photinia bodinieri*

(续)

(续)

序号	科名	种名	学名
1387	蔷薇科	光叶石楠	*Photinia glabra*
1388	蔷薇科	褐毛石楠	*Photinia hirsuta*
1389	蔷薇科	陷脉石楠	*Photinia impressivena*
1390	蔷薇科	小叶石楠	*Photinia parvifolia*
1391	蔷薇科	重齿桃叶石楠	*Photinia prunifolia* var. *denticulata*
1392	蔷薇科	桃叶石楠	*Photinia prunifolia*
1393	蔷薇科	绒毛石楠	*Photinia schneideriana*
1394	蔷薇科	石楠	*Photinia serrulata*
1395	蔷薇科	毛叶石楠	*Photinia villosa*
1396	蔷薇科	小花龙牙草	*Agrimonia nipponica*
1397	蔷薇科	龙牙草	*Agrimonia pilosa*
1398	蔷薇科	翻白草	*Potentilla discolor*
1399	蔷薇科	莓叶委陵菜	*Potentilla fragarioides*
1400	蔷薇科	三叶委陵菜	*Potentilla freyniana*
1401	蔷薇科	蛇含委陵菜	*Potentilla kleiniana*
1402	蔷薇科	蛇含委陵菜	*Potentilla kleiniana*
1403	蔷薇科	火棘	*Pyracantha fortuneana*
1404	蔷薇科	石斑木	*Rhaphiolepis indica*
1405	蔷薇科	细叶石斑木	*Rhaphiolepis lanceolata*
1406	蔷薇科	大叶石斑木	*Rhaphiolepis major*
1407	蔷薇科	柳叶石斑木	*Rhaphiolepis salicifolia*
1408	蔷薇科	腺毛莓	*Rubus adenophorus*
1409	蔷薇科	粗叶悬钩子	*Rubus alceaefolius*
1410	蔷薇科	周毛悬钩子	*Rubus amphidasys*
1411	蔷薇科	寒莓	*Rubus buergeri*
1412	蔷薇科	掌叶覆盆子	*Rubus chingii*
1413	蔷薇科	山莓	*Rubus corchorifolius*
1414	蔷薇科	插田泡	*Rubus coreanus*
1415	蔷薇科	光果悬钩子	*Rubus glabricarpus*
1416	蔷薇科	蓬藟	*Rubus hissutus*
1417	蔷薇科	陷脉悬钩子	*Rubus impressinervus*
1418	蔷薇科	白叶莓	*Rubus innominatus*
1419	蔷薇科	灰毛泡	*Rubus irenaeus*
1420	蔷薇科	蒲桃叶悬钩子	*Rubus jambosoides*
1421	蔷薇科	高粱泡	*Rubus lambertianus*
1422	蔷薇科	刺毛悬钩子	*Rubus multisetosus*
1423	蔷薇科	太平莓	*Rubus pacificus*
1424	蔷薇科	茅莓	*Rubus parvifolius*
1425	蔷薇科	腺花茅莓	*Rubus parvifolius* var. *adenochlamys*
1426	蔷薇科	黄蘗	*Rubus pectinellus*
1427	蔷薇科	梨叶悬钩子	*Rubus pirifolius*

(续)

序号	科名	种名	学名
1428	蔷薇科	锈毛莓	*Rubus reflexus*
1429	蔷薇科	浅裂锈毛莓	*Rubus reflexus* var. *hui*
1430	蔷薇科	深裂锈毛莓	*Rubus reflexus* var. *lanceolobus*
1431	蔷薇科	空心泡	*Rubus rosifolius*
1432	蔷薇科	棕红悬钩子	*Rubus rufus*
1433	蔷薇科	红腺悬钩子	*Rubus sumatranus*
1434	蔷薇科	木莓	*Rubus swinhoei*
1435	蔷薇科	灰白毛莓	*Rubus tephrodes*
1436	蔷薇科	无腺灰白毛莓	*Rubus tephrodes* var. *ampliflorus*
1437	蔷薇科	三花悬钩子	*Rubus trianthus*
1438	蔷薇科	光滑悬钩子	*Rubus tsangii*
1439	蔷薇科	东南悬钩子	*Rubus tsangiorum*
1440	蔷薇科	硕苞蔷薇	*Rosa bracteata*
1441	蔷薇科	月季花	*Rosa chinensis*
1442	蔷薇科	小果蔷薇	*Rosa cymosa*
1443	蔷薇科	软条七蔷薇	*Rosa henryi*
1444	蔷薇科	金樱子	*Rosa laevigata*
1445	蔷薇科	野蔷薇	*Rosa multiflora*
1446	蔷薇科	粉团蔷薇	*Rosa multiflora*
1447	蔷薇科	钝叶蔷薇	*Rosa sertata*
1448	蔷薇科	豆梨	*Pyrus calleryana*
1449	蔷薇科	楔叶豆梨	*Pyrus calleryana* var. *koehnei*
1450	蔷薇科	沙梨	*Pyrus pyrifolia*
1451	蔷薇科	麻梨	*Pyrus serrulata*
1452	蔷薇科	台湾林檎	*Malus doumeri*
1453	蔷薇科	湖北海棠	*Malus hupehensis*
1454	蔷薇科	光萼海棠	*Malus leiocalyca*
1455	蔷薇科	华南桂樱	*Lauro-cerasus fordiana*
1456	蔷薇科	腺叶桂樱	*Lauro-cerasus phaeosticta*
1457	蔷薇科	刺叶桂樱	*Lauro-cerasus spinulosa*
1458	蔷薇科	枇杷	*Eriobotrya japonica*
1459	蔷薇科	棣棠花	*Kerria japonica*
1460	蔷薇科	蛇莓	*Duchesnea indica*
1461	蔷薇科	假升麻	*Aruncus sylvester*
1462	胡颓子科	巴东胡颓子	*Elaeagnus difficilis*
1463	胡颓子科	蔓胡颓子	*Elaeagnus glabra*
1464	胡颓子科	胡颓子	*Elaeagnus pungens*
1465	鼠李科	枣	*Ziziphus jujuba*
1466	鼠李科	钩刺雀梅藤	*Sageretia hamosa*
1467	鼠李科	梗花雀梅藤	*Sageretia henryi*
1468	鼠李科	刺藤子	*Sageretia melliana*

(续)

序号	科名	种名	学名
1469	鼠李科	雀梅藤	*Sageretia thea*
1470	鼠李科	毛叶雀梅藤	*Sageretia thea* var. *tomentosa*
1471	鼠李科	多花勾儿茶	*Berchemia floribunda*
1472	鼠李科	大叶勾儿茶	*Berchemia huana* Rehd
1473	鼠李科	牯岭勾儿茶	*Berchemia kulingensis*
1474	鼠李科	勾儿茶	*Berchemia sinica*
1475	鼠李科	北枳椇	*Hovenia dulcis*
1476	鼠李科	毛果枳椇	*Hovenia trichocarpa*
1477	鼠李科	光叶毛果枳椇	*Hovenia trichocarpa* var. *robusta*
1478	鼠李科	长叶冻绿	*Rhamnus crenata*
1479	鼠李科	圆叶鼠李	*Rhamnus globosa*
1480	鼠李科	钩齿鼠李	*Rhamnus lamprophylla*
1481	鼠李科	薄叶鼠李	*Rhamnus leptophylla*
1482	鼠李科	尼泊尔鼠李	*Rhamnus napelensis*
1483	鼠李科	冻绿	*Rhamnus utilis*
1484	鼠李科	山鼠李	*Rhamnus wilsonii*
1485	鼠李科	毛山鼠李	*Rhamnus wilsonii* var. *pilosa*
1486	榆科	大叶榉树	*Zelkova schneideriana*
1487	榆科	榉树	*Zelkova serrata*
1488	榆科	兴山榆	*Ulmus bergmanniana*
1489	榆科	多脉榆	*Ulmus castaneifolia*
1490	榆科	杭州榆	*Ulmus changii*
1491	榆科	长序榆	*Ulmus elongata*
1492	榆科	榔榆	*Ulmus parviflolia*
1493	榆科	红果榆	*Ulmus szechuanica*
1494	大麻科	紫弹树	*Celtis biondii*
1495	大麻科	小果朴	*Celtis cerasifera*
1496	大麻科	珊瑚朴	*Celtis julianae*
1497	大麻科	朴树	*Celtis sinensis*
1498	大麻科	西川朴	*Celtis vandervoetiana*
1499	大麻科	葎草	*Humulus scandens*
1500	大麻科	光叶山黄麻	*Trema cannabina*
1501	大麻科	山油麻	*Trema cannabina* var. *dielsiana*
1502	大麻科	糙叶树	*Aphananthe aspera*
1503	桑科	矮小天仙果	*Ficus erecta*
1504	桑科	台湾榕	*Ficus formosana*
1505	桑科	异叶榕	*Ficus heteromorpha*
1506	桑科	粗叶榕	*Ficus hirta* Vahl
1507	桑科	琴叶榕	*Ficus pandurata*
1508	桑科	薜荔	*Ficus pumila*
1509	桑科	珍珠莲	*Ficus sarmentosa*

(续)

序号	科名	种名	学名
1510	桑科	爬藤榕	*Ficus sarmentosa*
1511	桑科	尾尖爬藤榕	*Ficus sarmentosa* var. *lacrymans*
1512	桑科	长柄爬藤榕	*Ficus sarmentosa* var. *luducca*
1513	桑科	白背爬藤榕	*Ficus sarmentosa* var. *nipponica*
1514	桑科	竹叶榕	*Ficus stenophylla*
1515	桑科	变叶榕	*Ficus variolosa*
1516	桑科	水蛇麻	*Fatoua villosa*
1517	桑科	构棘	*Maclura cochinchinensis*
1518	桑科	毛柘藤	*Maclura pubescens*
1519	桑科	柘	*Maclura tricuspidata*
1520	桑科	葡蟠	*Broussonetia kaempferi*
1521	桑科	藤构	*Broussonetia kaempferi* var. *australis*
1522	桑科	楮（小构树）	*Broussonetia kazinoki*
1523	桑科	构树	*Broussonetia papyrifera*
1524	桑科	桑	*Morus alba*
1525	桑科	鸡桑	*Morus australis*
1526	桑科	华桑	*Morus cathayana*
1527	荨麻科	紫麻	*Oreocnide frutescens*
1528	荨麻科	圆瓣冷水花	*Pilea angulata*
1529	荨麻科	湿生冷水花	*Pilea aquarum*
1530	荨麻科	波缘冷水花	*Pilea cavaleriei*
1531	荨麻科	大叶冷水花	*Pilea martinii*
1532	荨麻科	小叶冷水花	*Pilea microphylla*
1533	荨麻科	冷水花	*Pilea notata*
1534	荨麻科	矮冷水花	*Pilea peploides*
1535	荨麻科	透茎冷水花	*Pilea pumila*
1536	荨麻科	粗齿冷水花	*Pilea sinofasciata*
1537	荨麻科	三角形冷水花	*Pilea swinglei*
1538	荨麻科	珠芽艾麻	*Laportea bulbifera*
1539	荨麻科	锐齿楼梯草	*Elatostema cyrtandrifolium*
1540	荨麻科	楼梯草	*Elatostema involucratum*
1541	荨麻科	狭叶楼梯草	*Elatostema lineolatum*
1542	荨麻科	钝叶楼梯草	*Elatostema obtusum*
1543	荨麻科	对叶楼梯草	*Elatostema sinense*
1544	荨麻科	庐山楼梯草	*Elatostema stewardii*
1545	荨麻科	序叶苎麻	*Boehmeria clidemioides* var. *diffusa*
1546	荨麻科	海岛苎麻	*Boehmeria formosana*
1547	荨麻科	野线麻	*Boehmeria japonica*
1548	荨麻科	苎麻	*Boehmeria nivea*
1549	荨麻科	青叶苎麻	*Boehmeria nivea* var. *tenacissima*
1550	荨麻科	小赤麻	*Boehmeria spicata*

(续)

序号	科名	种名	学名
1551	荨麻科	悬铃叶苎麻	*Boehmeria tricuspis*
1552	荨麻科	花点草	*Nanocnide japonica*
1553	荨麻科	毛花点草	*Nanocnide lobata*
1554	荨麻科	微柱麻	*Chamabainia cuspidata*
1555	荨麻科	雾水葛	*Pouzolzia zeylanica*
1556	荨麻科	荨麻	*Urtica fissa*
1557	荨麻科	宽叶荨麻	*Urtica laetevirens*
1558	荨麻科	短叶赤车	*Pellionia brevifolia*
1559	荨麻科	赤车	*Pellionia radicans*
1560	荨麻科	蔓赤车	*Pellionia scabra*
1561	荨麻科	糯米团	*Gonostegia hirta*
1562	壳斗科	锥栗	*Castanea henryi*
1563	壳斗科	栗	*Castanea mollissima*
1564	壳斗科	茅栗	*Castanea seguinii*
1565	壳斗科	米心水青冈	*Fagus engleriana*
1566	壳斗科	水青冈	*Fagus longipetiolata*
1567	壳斗科	光叶水青冈	*Fagus lucida*
1568	壳斗科	美叶柯	*Lithocarpus calophyllus*
1569	壳斗科	包果柯	*Lithocarpus cleistocarpus*
1570	壳斗科	烟斗柯	*Lithocarpus corneus*
1571	壳斗科	厚斗柯	*Lithocarpus elizabethiae*
1572	壳斗科	泥柯	*Lithocarpus fenestratus*
1573	壳斗科	柯	*Lithocarpus glaber*
1574	壳斗科	硬壳柯	*Lithocarpus hancei*
1575	壳斗科	港柯	*Lithocarpus harlandii*
1576	壳斗科	灰柯	*Lithocarpus henryi*
1577	壳斗科	木姜叶柯	*Lithocarpus litseifolius*
1578	壳斗科	多穗柯	*Lithocarpus polystachyus*
1579	壳斗科	滑皮柯	*Lithocarpus skanianus*
1580	壳斗科	薄叶柯	*Lithocarpus tenuilimbus*
1581	壳斗科	米槠	*Castanopsis carlesii*
1582	壳斗科	甜槠	*Castanopsis eyrei*
1583	壳斗科	罗浮锥	*Castanopsis fabri*
1584	壳斗科	栲	*Castanopsis fargesii*
1585	壳斗科	红锥	*Castanopsis hystrix*
1586	壳斗科	秀丽锥	*Castanopsis jucunda*
1587	壳斗科	吊皮锥	*Castanopsis kawakamii*
1588	壳斗科	鹿角锥	*Castanopsis lamontii*
1589	壳斗科	黑叶锥	*Castanopsis nigrescens*
1590	壳斗科	苦槠	*Castanopsis sclerophylla*
1591	壳斗科	钩锥	*Castanopsis tibetana*

(续)

(续)

序号	科名	种名	学名
1592	壳斗科	碟斗青冈	*Cyclobalanopsis disciformis*
1593	壳斗科	饭甑青冈	*Cyclobalanopsis fleuryi*
1594	壳斗科	赤皮青冈	*Cyclobalanopsis gilva*
1595	壳斗科	青冈	*Cyclobalanopsis glauca*
1596	壳斗科	细叶青冈	*Cyclobalanopsis gracilis*
1597	壳斗科	大叶青冈	*Cyclobalanopsis jenseniana*
1598	壳斗科	多脉青冈	*Cyclobalanopsis multinervis*
1599	壳斗科	小叶青冈	*Cyclobalanopsis myrsinaefolia*
1600	壳斗科	竹叶青冈	*Cyclobalanopsis neglecta*
1601	壳斗科	宁冈青冈	*Cyclobalanopsis ningangensis*
1602	壳斗科	曼青冈	*Cyclobalanopsis oxyodon*
1603	壳斗科	云山青冈	*Cyclobalanopsis sessifolia*
1604	壳斗科	褐叶青冈	*Cyclobalanopsis stewardiana*
1605	壳斗科	麻栎	*Quercus acutissima*
1606	壳斗科	锐齿槲栎	*Quercus aliena* var. *acutiserrata*
1607	壳斗科	白栎	*Quercus fabri*
1608	壳斗科	枹栎	*Quercus serrata*
1609	杨梅科	杨梅	*Myrica rubra*
1610	胡桃科	化香树	*Platycarya strobilacea*
1611	胡桃科	枫杨	*Pterocarya stenoptera*
1612	胡桃科	黄杞	*Engelhardia roxburghiana*
1613	胡桃科	青钱柳	*Cyclocarya paliurus*
1614	胡桃科	山核桃	*Carya cathayensis*
1615	桦木科	多脉鹅耳枥	*Carpinus polyneura*
1616	桦木科	鹅耳枥	*Carpinus turczaninowii*
1617	桦木科	雷公鹅耳枥	*Carpinus viminea*
1618	桦木科	亮叶桦	*Betula luminifera*
1619	葫芦科	甜瓜	*Cucumis melo*
1620	葫芦科	菜瓜	*Cucumis melo* subsp. *agrestis*
1621	葫芦科	黄瓜	*Cucumis sativus*
1622	葫芦科	罗汉果	*Siraitia grosvenorii*
1623	葫芦科	盒子草	*Actinostemma tenerum*
1624	葫芦科	王瓜	*Trichosanthes cucumeroides*
1625	葫芦科	栝楼	*Trichosanthes kirilowii*
1626	葫芦科	长萼栝楼	*Trichosanthes laceribractea*
1627	葫芦科	中华栝楼	*Trichosanthes rosthornii*
1628	葫芦科	冬瓜	*Benincasa hispida*
1629	葫芦科	绞股蓝	*Gynostemma pentaphyllum*
1630	葫芦科	蛇莲	*Hemsleya sphaerocarpa*
1631	葫芦科	浙江雪胆	*Hemsleya zhejiangensis*
1632	葫芦科	大苞赤瓟	*Thladiantha cordifolia*

(续)

（续）

序号	科名	种名	学名
1633	葫芦科	南赤瓟	*Thladiantha nudiflora*
1634	葫芦科	台湾赤瓟	*Thladiantha punctata*
1635	葫芦科	纽子瓜	*Zehneria bodinieri*
1636	葫芦科	马㼎儿	*Zehneria japonica*
1637	葫芦科	苦瓜	*Momordica charantia*
1638	葫芦科	木鳖子	*Momordica cochinchinensis*
1639	葫芦科	丝瓜	*Luffa aegyptiaca*
1640	葫芦科	葫芦	*Lagenaria siceraria*
1641	葫芦科	西瓜	*Citrullus lanatus*
1642	葫芦科	南瓜	*Cucurbita moschata*
1643	秋海棠科	美丽秋海棠	*Begonia algaia*
1644	秋海棠科	槭叶秋海棠	*Begonia digyna*
1645	秋海棠科	紫背天葵	*Begonia fimbristipula*
1646	秋海棠科	秋海棠	*Begonia grandis*
1647	秋海棠科	中华秋海棠	*Begonia grandis*
1648	秋海棠科	裂叶秋海棠	*Begonia palmata*
1649	秋海棠科	掌裂叶秋海棠	*Begonia pedatifida*
1650	卫矛科	雷公藤	*Tripterygium wilfordii*
1651	卫矛科	过山枫	*Celastrus aculeatus*
1652	卫矛科	苦皮藤	*Celastrus angulatus*
1653	卫矛科	大芽南蛇藤	*Celastrus gemmatus*
1654	卫矛科	灰叶南蛇藤	*Celastrus glaucophyllus*
1655	卫矛科	青江藤	*Celastrus hindsii*
1656	卫矛科	粉背南蛇藤	*Celastrus hypoleucus*
1657	卫矛科	独子藤	*Celastrus monospermus*
1658	卫矛科	窄叶南蛇藤	*Celastrus oblanceifolius*
1659	卫矛科	南蛇藤	*Celastrus orbiculatus*
1660	卫矛科	短梗南蛇藤	*Celastrus rosthornianus*
1661	卫矛科	显柱南蛇藤	*Celastrus stylosus*
1662	卫矛科	刺果卫矛	*Euonymus acanthocarpus*
1663	卫矛科	卫矛	*Euonymus alatus*
1664	卫矛科	肉花卫矛	*Euonymus carnosus*
1665	卫矛科	百齿卫矛	*Euonymus centidens*
1666	卫矛科	陈谋卫矛	*Euonymus chenmoui*
1667	卫矛科	裂果卫矛	*Euonymus dielsianus*
1668	卫矛科	鸦椿卫矛	*Euonymus euscaphis*
1669	卫矛科	扶芳藤	*Euonymus fortunei*
1670	卫矛科	大花卫矛	*Euonymus grandiflorus*
1671	卫矛科	西南卫矛	*Euonymus hamiltonianus*
1672	卫矛科	疏花卫矛	*Euonymus laxiflorus*
1673	卫矛科	大果卫矛	*Euonymus myrianthus*

（续）

(续)

序号	科名	种名	学名
1674	卫矛科	中华卫矛	*Euonymus nitidus*
1675	酢浆草科	酢浆草	*Oxalis corniculata*
1676	酢浆草科	红花酢浆草	*Oxalis corymbosa*
1677	酢浆草科	山酢浆草	*Oxalis griffithii*
1678	杜英科	猴欢喜	*Sloanea sinensis*
1679	杜英科	中华杜英	*Elaeocarpus chinensis*
1680	杜英科	杜英	*Elaeocarpus decipiens*
1681	杜英科	褐毛杜英	*Elaeocarpus duclouxii*
1682	杜英科	秃瓣杜英	*Elaeocarpus glabripetalus*
1683	杜英科	日本杜英	*Elaeocarpus japonicus*
1684	杜英科	山杜英	*Elaeocarpus sylvestris*
1685	古柯科	东方古柯	*Erythroxylum sinense*
1686	金丝桃科	黄海棠	*Hypericum ascyron*
1687	金丝桃科	赶山鞭	*Hypericum attenuatum*
1688	金丝桃科	挺茎遍地金	*Hypericum elodeoides*
1689	金丝桃科	小连翘	*Hypericum erectum*
1690	金丝桃科	地耳草	*Hypericum japonicum*
1691	金丝桃科	金丝桃	*Hypericum monogynum*
1692	金丝桃科	元宝草	*Hypericum sampsonii*
1693	金丝桃科	密腺小连翘	*Hypericum seniawinii*
1694	金丝桃科	三腺金丝桃	*Triadenum breviflorum*
1695	堇菜科	鸡腿堇菜	*Viola acuminata*
1696	堇菜科	如意草	*Viola arcuata*
1697	堇菜科	戟叶堇菜	*Viola betonicifolia*
1698	堇菜科	南山堇菜	*Viola chaerophylloides*
1699	堇菜科	深圆齿堇菜	*Viola davidii*
1700	堇菜科	七星莲	*Viola diffusa*
1701	堇菜科	柔毛堇菜	*Viola fargesii*
1702	堇菜科	紫花堇菜	*Viola grypoceras*
1703	堇菜科	长萼堇菜	*Viola inconspicua*
1704	堇菜科	犁头草	*Viola japonica*
1705	堇菜科	福建堇菜	*Viola kosanensis*
1706	堇菜科	白花堇菜	*Viola lactiflora*
1707	堇菜科	亮毛堇菜	*Viola lucens*
1708	堇菜科	萱	*Viola moupinensis*
1709	堇菜科	紫花地丁	*Viola philippico*
1710	堇菜科	深山堇菜	*Viola selkirkii*
1711	堇菜科	庐山堇菜	*Viola stewardiana*
1712	堇菜科	三角叶堇菜	*Viola triangulifolia*
1713	堇菜科	心叶堇菜	*Viola yunnanfuensis*
1714	杨柳科	垂柳	*Salix babylonica*

(续)

(续)

序号	科名	种名	学名
1715	杨柳科	腺柳	*Salix chaenomeloides*
1716	杨柳科	银叶柳	*Salix chienii*
1717	杨柳科	长梗柳	*Salix dunnii*
1718	杨柳科	旱柳	*Salix matsudana*
1719	杨柳科	粤柳	*Salix mesnyi*
1720	杨柳科	山桐子	*Idesia polycarpa*
1721	杨柳科	毛叶山桐子	*Idesia polycarpa* var. *vestita*
1722	杨柳科	天料木	*Homalium cochinchinense*
1723	杨柳科	加杨	*Populus × canadensis*
1724	杨柳科	响叶杨	*Populus adenopoda*
1725	杨柳科	柞木	*Xylosma congesta*
1726	大戟科	油桐	*Vernicia fordii*
1727	大戟科	蓖麻	*Ricinus communis*
1728	大戟科	山麻秆	*Alchornea davidii*
1729	大戟科	红背山麻杆	*Alchornea trewioides*
1730	大戟科	中平树	*Macaranga denticulata*
1731	大戟科	白背叶	*Mallotus apeltus*
1732	大戟科	野梧桐	*Mallotus japonicus*
1733	大戟科	东南野桐	*Mallotus lianus*
1734	大戟科	小果野桐	*Mallotus microcarpus*
1735	大戟科	粗糠柴	*Mallotus philippensis*
1736	大戟科	石岩枫	*Mallotus repandus*
1737	大戟科	杠香藤	*Mallotus repandus* var. *chrysocarpus*
1738	大戟科	红叶野桐	*Mallotus tenuifolius*
1739	大戟科	毛果巴豆	*Croton lachnocarpus*
1740	大戟科	乳浆大戟	*Euphorbia esula*
1741	大戟科	泽漆	*Euphorbia helioscopia*
1742	大戟科	飞扬草	*Euphorbia hirta*
1743	大戟科	地锦草	*Euphorbia humifusa*
1744	大戟科	湖北大戟	*Euphorbia hylonoma*
1745	大戟科	通奶草	*Euphorbia hypericifolia*
1746	大戟科	续随子	*Euphorbia lathyris*
1747	大戟科	斑地锦草	*Euphorbia maculata*
1748	大戟科	大戟	*Euphorbia pekinensis*
1749	大戟科	钩腺大戟	*Euphorbia sieboldiana*
1750	大戟科	千根草	*Euphorbia thymifolia*
1751	大戟科	铁苋菜	*Acalypha australis*
1752	大戟科	裂苞铁苋菜	*Acalypha supera*
1753	大戟科	斑子乌桕	*Neoshirakia atrobadiomaculata*
1754	大戟科	白木乌桕	*Neoshirakia japonica*
1755	大戟科	山乌桕	*Triadica cochinchinensis*

(续)

序号	科名	种名	学名
1756	大戟科	乌桕	*Triadica sebifera*
1757	叶下珠科	浙江叶下珠	*Phyllanthus chekiangensis*
1758	叶下珠科	落萼叶下珠	*Phyllanthus flexuosus*
1759	叶下珠科	青灰叶下珠	*Phyllanthus glaucus*
1760	叶下珠科	叶下珠	*Phyllanthus urinaria*
1761	叶下珠科	蜜甘草	*Phyllanthus ussuriensis*
1762	叶下珠科	黄珠子草	*Phyllanthus virgatus*
1763	叶下珠科	五月茶	*Antidesma bunius*
1764	叶下珠科	日本五月茶	*Antidesma japonicum*
1765	叶下珠科	小叶五月茶	*Antidesma montanum* var. *microphyllum*
1766	叶下珠科	秋枫	*Bischofia javanica*
1767	叶下珠科	重阳木	*Bischofia polycarpa*
1768	叶下珠科	革叶算盘子	*Glochidion daltonii*
1769	叶下珠科	算盘子	*Glochidion puberum*
1770	叶下珠科	湖北算盘子	*Glochidion wilsonii*
1771	叶下珠科	一叶萩	*Flueggea suffruticosa*
1772	牻牛儿苗科	野老鹳草	*Geranium carolinianum*
1773	牻牛儿苗科	老鹳草	*Geranium wilfordii*
1774	牻牛儿苗科	牻牛儿苗	*Erodium stephanianum*
1775	使君子科	风车子	*Combretum alfredii*
1776	千屈菜科	光紫薇	*Lagerstroemia glabra*
1777	千屈菜科	紫薇	*Lagerstroemia indica*
1778	千屈菜科	南紫薇	*Lagerstroemia subcostata*
1779	千屈菜科	千屈菜	*Lythrum salicaria*
1780	千屈菜科	节节菜	*Rotala indica*
1781	千屈菜科	圆叶节节菜	*Rotala rotundifolia*
1782	千屈菜科	水苋菜	*Ammannia baccifera*
1783	千屈菜科	多花水苋	*Ammannia multiflora*
1784	千屈菜科	石榴	*Punica granatum*
1785	柳叶菜科	长籽柳叶菜	*Epilobium pyrricholophum*
1786	柳叶菜科	水龙	*Ludwigia adscendens*
1787	柳叶菜科	毛草龙	*Ludwigia octovalvis*
1788	柳叶菜科	卵叶丁香蓼	*Ludwigia ovalis*
1789	柳叶菜科	细花丁香蓼	*Ludwigia perennis*
1790	柳叶菜科	丁香蓼	*Ludwigia prostrata*
1791	柳叶菜科	露珠草	*Circaea cordata*
1792	柳叶菜科	谷蓼	*Circaea erubescens*
1793	柳叶菜科	南方露珠草	*Circaea mollis*
1794	柳叶菜科	黄花月见草	*Oenothera glazioviana*
1795	柳叶菜科	粉花月见草	*Oenothera rosea*
1796	桃金娘科	华南蒲桃	*Syzygium austrosinense*

(续)

(续)

序号	科名	种名	学名
1797	桃金娘科	赤楠	*Syzygium buxifolium*
1798	桃金娘科	轮叶赤楠	*Syzygium buxifolium* var. *verticillatum*
1799	桃金娘科	轮叶蒲桃	*Syzygium grijsii*
1800	野牡丹科	叶底红	*Bredia fordii*
1801	野牡丹科	长萼野海棠	*Bredia longiloba*
1802	野牡丹科	小叶野海棠	*Bredia microphylla*
1803	野牡丹科	过路惊	*Bredia quadrangularis*
1804	野牡丹科	鸭脚茶	*Bredia sinensis*
1805	野牡丹科	金锦香	*Osbeckia chinensis*
1806	野牡丹科	星毛金锦香	*Osbeckia stellata*
1807	野牡丹科	少花柏拉木	*Blastus pauciflorus*
1808	野牡丹科	异药花	*Fordiophyton faberi*
1809	野牡丹科	地菍	*Melastoma dodecandrum*
1810	野牡丹科	锦香草	*Phyllagathis cavaleriei*
1811	野牡丹科	楮头红	*Sarcopyramis napalensis*
1812	省沽油科	锐尖山香圆	*Turpinia arguta*
1813	省沽油科	绒毛锐尖山香	*Turpinia arguta* var. *pubescens*
1814	省沽油科	野鸦椿	*Euscaphis japonica*
1815	旌节花科	中国旌节花	*Stachyurus chinensis*
1816	瘿椒树科	瘿椒树	*Tapiscia sinensis*
1817	瘿椒树科	云南瘿椒树	*Tapiscia yunnanensis*
1818	漆树科	南酸枣	*Choerospondias axillaris*
1819	漆树科	野漆	*Toxicodendron succedaneum*
1820	漆树科	木蜡树	*Toxicodendron sylvestris*
1821	漆树科	盐麸木	*Rhus chinensis*
1822	漆树科	白背麸杨	*Rhus hypoleuca*
1823	漆树科	青麸杨	*Rhus potaninii*
1824	漆树科	黄连木	*Pistacia chinensis*
1825	无患子科	复羽叶栾	*Koelreuteria bipinnata*
1826	无患子科	无患子	*Sapindus saponaria*
1827	无患子科	阔叶槭	*Acer amplum*
1828	无患子科	天台阔叶槭	*Acer amplum*
1829	无患子科	紫果槭	*Acer cordatum*
1830	无患子科	青榨槭	*Acer davidii*
1831	无患子科	秀丽槭	*Acer elegantulum*
1832	无患子科	罗浮槭	*Acer fabri*
1833	无患子科	红果罗浮槭	*Acer fabri* var. *rubrocarpus*
1834	无患子科	扇叶槭	*Acer flabellatum*
1835	无患子科	建始槭	*Acer henryi*
1836	无患子科	亮叶槭	*Acer lucidum*
1837	无患子科	南岭槭	*Acer metcalfii*

(续)

(续)

序号	科名	种名	学名
1838	无患子科	五裂槭	Acer oliverianum
1839	无患子科	鸡爪槭	Acer palmatum
1840	无患子科	稀花槭	Acer pauciflorum
1841	无患子科	五角槭	Acer pictum subsp. mono
1842	无患子科	毛脉槭	Acer pubinerve
1843	无患子科	三峡槭	Acer wilsonii
1844	芸香科	茵芋	Skimmia reevesiana
1845	芸香科	秃叶黄檗	Phellodendron chinense var. glabriusculum
1846	芸香科	椿叶花椒	Zanthoxylum ailanthoides
1847	芸香科	竹叶花椒	Zanthoxylum armatum
1848	芸香科	岭南花椒	Zanthoxylum austrosinense
1849	芸香科	簕欓花椒	Zanthoxylum avicennae
1850	芸香科	朵花椒	Zanthoxylum molle
1851	芸香科	两面针	Zanthoxylum nitidum
1852	芸香科	花椒簕	Zanthoxylum scandens
1853	芸香科	青花椒	Zanthoxylum schinifolium
1854	芸香科	野花椒	Zanthoxylum simulans
1855	芸香科	狭叶花椒	Zanthoxylum stenophyllum
1856	芸香科	华南吴萸	Tetradium austrosinense
1857	芸香科	楝叶吴萸	Tetradium glabrifolium
1858	芸香科	吴茱萸	Tetradium ruticarpum
1859	芸香科	臭节草	Boenninghausenia albiflora
1860	芸香科	飞龙掌血	Toddalia asiatica
1861	芸香科	臭节草	Boenninghausenia albiflora
1862	芸香科	金柑	Citrus japonica
1863	芸香科	柚	Citrus maxima
1864	芸香科	柑橘	Citrus reticulata
1865	芸香科	枳	Citrus trifoliata
1866	苦木科	臭椿	Ailanthus altissima
1867	苦木科	鸦胆子	Brucea javanica
1868	苦木科	苦木	Picrasma quassioides
1869	楝科	楝	Melia azedarach
1870	楝科	红椿	Toona ciliata
1871	楝科	香椿	Toona sinensis
1872	锦葵科	苘麻	Abutilon theophrasti
1873	锦葵科	黄蜀葵	Abelmoschus manihot
1874	锦葵科	田麻	Corchoropsis crenata
1875	锦葵科	扁担杆	Grewia biloba
1876	锦葵科	小花扁担杆	Grewia biloba var. parviflora
1877	锦葵科	梧桐	Firmiana simplex
1878	锦葵科	山芝麻	Helicteres angustifolia

(续)

(续)

序号	科名	种名	学名
1879	锦葵科	马松子	*Melochia corchorifolia*
1880	锦葵科	木芙蓉	*Hibiscus mutabilis*
1881	锦葵科	木槿	*Hibiscus syriacus*
1882	锦葵科	短毛椴	*Tilia chingiana*
1883	锦葵科	白毛椴（湘椴）	*Tilia endochrysea*
1884	锦葵科	粉椴	*Tilia oliveri*
1885	锦葵科	椴树	*Tilia tuan*
1886	锦葵科	毛芽椴	*Tilia tuan* var. *chinensis*
1887	锦葵科	地桃花	*Urena lobata*
1888	锦葵科	梵天花	*Urena procumbens*
1889	锦葵科	单毛刺蒴麻	*Triumfetta annua*
1890	锦葵科	刺蒴麻	*Triumfetta rhomboidea*
1891	锦葵科	白背黄花稔	*Sida rhombifolia*
1892	锦葵科	密花梭罗	*Reevesia pycnantha*
1893	瑞香科	长柱瑞香	*Daphne championii*
1894	瑞香科	芫花	*Daphne genkwa*
1895	瑞香科	毛瑞香	*Daphne kiusiana* var. *atrocaulis*
1896	瑞香科	瑞香	*Daphne odora*
1897	瑞香科	毛瑞香	*Daphne kiusiana* var. *atrocaulis*
1898	瑞香科	结香	*Edgeworthia chrysantha*
1899	瑞香科	纤细荛花	*Wikstroemia gracilis*
1900	瑞香科	了哥王	*Wikstroemia indica*
1901	瑞香科	北江荛花	*Wikstroemia monnula*
1902	瑞香科	白花荛花	*Wikstroemia trichotoma*
1903	瑞香科	细轴荛花	*Wikstroemia nutans*
1904	叠珠树科	伯乐树	*Bretschneidera sinensis*
1905	山柑科	独行千里	*Capparis acutifolia*
1906	白花菜科	黄花草	*Arivela viscosa*
1907	白花菜科	无毛黄花草	*Arivela viscosa* var. *deglabrata*
1908	十字花科	诸葛菜	*Orychophragmus violaceus*
1909	十字花科	广州蔊菜	*Rorippa cantoniensis*
1910	十字花科	无瓣蔊菜	*Rorippa dubia*
1911	十字花科	蔊菜	*Rorippa indica*
1912	十字花科	萝卜	*Raphanus sativus*
1913	十字花科	油白菜	*Brassica chinensis*
1914	十字花科	芥菜	*Brassica juncea*
1915	十字花科	雪里蕻	*Brassica juncea* var. *multicep*
1916	十字花科	野甘蓝	*Brassica oleracea*
1917	十字花科	青菜	*Brassica rapa*
1918	十字花科	白菜	*Brassica rapa*
1919	十字花科	光头山碎米荠	*Cardamine engleriana*

(续)

(续)

序号	科名	种名	学名
1920	十字花科	弯曲碎米荠	*Cardamine flexuosa*
1921	十字花科	碎米荠	*Cardamine hirsuta*
1922	十字花科	弹裂碎米荠	*Cardamine impatiens*
1923	十字花科	白花碎米荠	*Cardamine leucantha*
1924	十字花科	水田碎米荠	*Cardamine lyrata*
1925	十字花科	臭独行菜	*Lepidium didymum*
1926	十字花科	北美独行菜	*Lepidium virginicum*
1927	十字花科	葶苈	*Draba nemorosa*
1928	十字花科	荠	*Capsella bursa-pastoris*
1929	十字花科	播娘蒿	*Descurainia sophia*
1930	十字花科	蛇菰	*Balanophora fungosa*
1931	檀香科	檀梨	*Pyrularia edulis*
1932	檀香科	槲寄生	*Viscum coloratum*
1933	檀香科	百蕊草	*Thesium chinense*
1934	青皮木科	华南青皮木	*Schoepfia chinensis*
1935	青皮木科	青皮木	*Schoepfia jasminodora*
1936	桑寄生科	椆树桑寄生	*Loranthus delavayi*
1937	桑寄生科	桑寄生	*Taxillus sutchuenensis*
1938	桑寄生科	鞘花	*Macrosolen cochinchinensis*
1939	桑寄生科	大苞寄生	*Tolypanthus maclurei*
1940	蓼科	酸模	*Rumex acetosa*
1941	蓼科	小酸模	*Rumex acetosella*
1942	蓼科	皱叶酸模	*Rumex crispus*
1943	蓼科	齿果酸模	*Rumex dentatus*
1944	蓼科	羊蹄	*Rumex japonicus*
1945	蓼科	刺酸模	*Rumex maritimus*
1946	蓼科	钝叶酸模	*Rumex obtusifolius*
1947	蓼科	长刺酸模	*Rumex trisetifer*
1948	蓼科	虎杖	*Reynoutria japonica*
1949	蓼科	金荞麦	*Fagopyrum dibotrys*
1950	蓼科	荞麦	*Fagopyrum esculentum*
1951	蓼科	苦荞麦	*Fagopyrum tataricum*
1952	蓼科	金线草	*Antenoron filiforme*
1953	蓼科	短毛金线草	*Antenoron filiforme*
1954	蓼科	拳参	*Polygonum bistorta*
1955	蓼科	支柱蓼	*Polygonum suffultum*
1956	蓼科	长箭叶蓼	*Polygonum hastatosagittatum*
1957	蓼科	水蓼	*Polygonum hydropiper*
1958	蓼科	显花蓼	*Polygonum japonicum* var. *conspicuum*
1959	蓼科	愉悦蓼	*Polygonum jucundum*
1960	蓼科	柔茎蓼	*Polygonum kawagoeanum*

(续)

序号	科名	种名	学名
1961	蓼科	酸模叶蓼	*Polygonum lapathifolium*
1962	蓼科	头花蓼	*Polygonum capitatum*
1963	蓼科	火炭母	*Polygonum chinense*
1964	蓼科	蓼子草	*Polygonum criopolitanum*
1965	蓼科	大箭叶蓼	*Polygonum darrisii*
1966	蓼科	二歧蓼	*Polygonum dichotomum*
1967	蓼科	稀花蓼	*Polygonum dissitiflorum*
1968	蓼科	两栖蓼	*Polygonum amphibium*
1969	蓼科	毛蓼	*Polygonum barbatum*
1970	蓼科	长鬃蓼	*Polygonum longisetum*
1971	蓼科	圆基长鬃蓼	*Persicaria longiseta*
1972	蓼科	小蓼花	*Polygonum muricatum*
1973	蓼科	尼泊尔蓼	*Polygonum nepalense*
1974	蓼科	红蓼	*Polygonum orientale*
1975	蓼科	掌叶蓼	*Polygonum palmatum*
1976	蓼科	湿地蓼	*Polygonum paralimicola*
1977	蓼科	杠板归	*Polygonum perfoliatum*
1978	蓼科	丛枝蓼	*Polygonum posumbu*
1979	蓼科	疏蓼	*Polygonum praetermissum*
1980	蓼科	伏毛蓼	*Polygonum pubescens*
1981	蓼科	赤胫散	*Polygonum runcinatum* var. *sinense*
1982	蓼科	箭头蓼	*Polygonum sagittatum*
1983	蓼科	刺蓼	*Polygonum senticosum*
1984	蓼科	糙毛蓼	*Polygonum strigosum*
1985	蓼科	细叶蓼	*Polygonum taquetii*
1986	蓼科	戟叶蓼	*Polygonum thunbergii*
1987	蓼科	萹蓄	*Polygonum aviculare*
1988	蓼科	习见萹蓄	*Polygonum plebeium*
1989	蓼科	何首乌	*Fallopia multiflora*
1990	茅膏菜科	锦地罗	*Drosera burmanni*
1991	茅膏菜科	茅膏菜	*Drosera peltata*
1992	茅膏菜科	圆叶茅膏菜	*Drosera rotundifolia*
1993	石竹科	无心菜	*Arenaria serpyllifolia*
1994	石竹科	卷耳	*Cerastium arvense*
1995	石竹科	簇生泉卷耳	*Cerastium fontanum* subsp. *vulgare*
1996	石竹科	球序卷耳	*Cerastium glomeratum*
1997	石竹科	女娄菜	*Silene aprica*
1998	石竹科	狗筋蔓	*Silene baccifera*
1999	石竹科	麦瓶草	*Silene conoidea*
2000	石竹科	鹤草	*Silene fortunei*
2001	石竹科	剪春罗	*Lychnis coronata*

(续)

(续)

序号	科名	种名	学名
2002	石竹科	剪秋罗	*Lychnis fulgens*
2003	石竹科	石竹	*Dianthus chinensis*
2004	石竹科	长萼瞿麦	*Dianthus longicalyx*
2005	石竹科	雀舌草	*Stellaria alsine*
2006	石竹科	中国繁缕	*Stellaria chinensis*
2007	石竹科	繁缕	*Stellaria media*
2008	石竹科	鸡肠繁缕	*Stellaria neglecta*
2009	石竹科	箐姑草	*Stellaria vestita*
2010	石竹科	漆姑草	*Sagina japonica*
2011	石竹科	鹅肠菜	*Myosoton aquaticum*
2012	苋科	喜旱莲子草	*Alternanthera philoxeroides*
2013	苋科	地肤	*Kochia scoparia*
2014	苋科	土牛膝	*Achyranthes aspera*
2015	苋科	牛膝	*Achyranthes bidentata*
2016	苋科	柳叶牛膝	*Achyranthes longifolia*
2017	苋科	青葙	*Celosia argentea*
2018	苋科	鸡冠花	*Celosia cristata*
2019	苋科	藜	*Chenopodium album*
2020	苋科	细穗藜	*Chenopodiastrum gracilispicum*
2021	苋科	北美苋	*Amaranthus blitoides*
2022	苋科	凹头苋	*Amaranthus blitum*
2023	苋科	尾穗苋	*Amaranthus caudatus*
2024	苋科	绿穗苋	*Amaranthus hybridus*
2025	苋科	反枝苋	*Amaranthus retroflexus*
2026	苋科	刺苋	*Amaranthus spinosus*
2027	苋科	苋	*Amaranthus tricolor*
2028	苋科	皱果苋	*Amaranthus viridis*
2029	苋科	土荆芥	*Dysphania ambrosioides*
2030	商陆科	商陆	*Phytolacca acinosa*
2031	商陆科	垂序商陆	*Phytolacca americana*
2032	紫茉莉科	紫茉莉	*Mirabilis jalapa*
2033	粟米草科	粟米草	*Trigastrotheca stricta*
2034	土人参科	土人参	*Talinum paniculatum*
2035	马齿苋科	马齿苋	*Portulaca oleracea*
2036	仙人掌科	仙人掌	*Opuntia dillenii*
2037	蓝果树科	喜树	*Camptotheca acuminata*
2038	蓝果树科	蓝果树	*Nyssa sinensis*
2039	绣球花科	蛛网萼	*Platycrater arguta*
2040	绣球花科	疏花山梅花	*Philadelphus brachybotrys*
2041	绣球花科	冠盖藤	*Pileostegia viburnoides*
2042	绣球花科	冠盖绣球	*Hydrangea anomala*

(续)

(续)

序号	科名	种名	学名
2043	绣球花科	中国绣球	*Hydrangea chinensis*
2044	绣球花科	福建绣球	*Hydrangea chungii*
2045	绣球花科	粤西绣球	*Hydrangea kwangsiensis*
2046	绣球花科	绣球	*Hydrangea macrophylla*
2047	绣球花科	圆锥绣球	*Hydrangea paniculata*
2048	绣球花科	蜡莲绣球	*Hydrangea strigosa*
2049	绣球花科	常山	*Dichroa febrifuga*
2050	绣球花科	钻地风	*Schizophragma integrifolium*
2051	山茱萸科	头状四照花	*Cornus capitata*
2052	山茱萸科	灯台树	*Cornus controversa*
2053	山茱萸科	尖叶四照花	*Cornus elliptica*
2054	山茱萸科	香港四照花	*Cornus hongkongensis*
2055	山茱萸科	秀丽四照花	*Cornus hongkongensis* subsp. *elegans*
2056	山茱萸科	山茱萸	*Cornus officinalis*
2057	山茱萸科	毛梾	*Cornus walteri*
2058	山茱萸科	光皮梾木	*Cornus wilsoniana*
2059	山茱萸科	八角枫	*Alangium chinense*
2060	山茱萸科	毛八角枫	*Alangium kurzii*
2061	山茱萸科	云山八角枫	*Alangium kurzii*
2062	山茱萸科	三裂瓜木	*Alangium platanifolium*
2063	凤仙花科	凤仙花	*Impatiens balsamina*
2064	凤仙花科	睫毛萼凤仙花	*Impatiens blepharosepala*
2065	凤仙花科	华凤仙	*Impatiens chinensis*
2066	凤仙花科	鸭跖草状凤仙花	*Impatiens commelinoides*
2067	凤仙花科	牯岭凤仙花	*Impatiens davidii*
2068	凤仙花科	湖南凤仙花	*Impatiens hunanensis*
2069	凤仙花科	水金凤	*Impatiens noli-tangere*
2070	凤仙花科	丰满凤仙花	*Impatiens obesa*
2071	凤仙花科	阔萼凤仙花	*Impatiens platysepala*
2072	凤仙花科	黄金凤	*Impatiens siculifer*
2073	五列木科	尖叶毛柃	*Eurya acuminatissima*
2074	五列木科	尖萼毛柃	*Eurya acutisepala*
2075	五列木科	翅柃	*Eurya alata*
2076	五列木科	短柱柃	*Eurya brevistyla*
2077	五列木科	米碎花	*Eurya chinensis*
2078	五列木科	二列叶柃	*Eurya distichophylla*
2079	五列木科	微毛柃	*Eurya hebeclados*
2080	五列木科	柃木	*Eurya japonica*
2081	五列木科	细枝柃	*Eurya loquaiana*
2082	五列木科	黑柃	*Eurya macartneyi*
2083	五列木科	从化柃	*Eurya metcalfiana*

(续)

(续)

序号	科名	种名	学名
2084	五列木科	格药柃	*Eurya muricata*
2085	五列木科	细齿叶柃	*Eurya nitida*
2086	五列木科	矩圆叶柃	*Eurya oblonga*
2087	五列木科	窄基红褐柃	*Eurya rubiginosa*
2088	五列木科	岩柃	*Eurya saxicola*
2089	五列木科	半持柃	*Eurya semiserrulata*
2090	五列木科	四角柃	*Eurya tetragonoclada*
2091	五列木科	毛果柃	*Eurya trichocarpa*
2092	五列木科	单耳柃	*Eurya weissiae*
2093	五列木科	茶梨	*Anneslea fragrans*
2094	五列木科	红淡比	*Cleyera japonica*
2095	五列木科	厚叶红淡比	*Cleyera pachyphylla*
2096	五列木科	厚皮香	*Ternstroemia gymnanthera*
2097	五列木科	尖萼厚皮香	*Ternstroemia luteoflora*
2098	五列木科	亮叶厚皮香	*Ternstroemia nitida*
2099	五列木科	川杨桐	*Adinandra bockiana*
2100	五列木科	尖叶川杨桐	*Adinandra bockiana* var. *acutifolia*
2101	五列木科	两广杨桐	*Adinandra glischroloma*
2102	五列木科	大萼杨桐	*Adinandra glischroloma* var. *macrosepala*
2103	五列木科	杨桐	*Adinandra millettii*
2104	五列木科	亮叶杨桐	*Adinandra nitida*
2105	柿科	山柿	*Diospyros japonica*
2106	柿科	柿	*Diospyros kaki*
2107	柿科	野柿	*Diospyros kaki* var. *silvestris*
2108	柿科	君迁子	*Diospyros lotus*
2109	柿科	罗浮柿	*Diospyros morrisiana*
2110	柿科	油柿	*Diospyros oleifera*
2111	柿科	延平柿	*Diospyros tsangii*
2112	报春花科	杜茎山	*Maesa japonica*
2113	报春花科	金珠柳	*Maesa montana*
2114	报春花科	鲫鱼胆	*Maesa perlarius*
2115	报春花科	软弱杜茎山	*Maesa tenera*
2116	报春花科	假婆婆纳	*Stimpsonia chamaedryoides*
2117	报春花科	密花树	*Myrsine seguinii*
2118	报春花科	针齿铁仔	*Myrsine semiserrata*
2119	报春花科	光叶铁仔	*Myrsine stolonifera*
2120	报春花科	点地梅	*Androsace umbellata*
2121	报春花科	少年红	*Ardisia alyxiifolia*
2122	报春花科	九管血	*Ardisia brevicaulis*
2123	报春花科	小紫金牛	*Ardisia chinensis*
2124	报春花科	朱砂根	*Ardisia crenata*

(续)

(续)

序号	科名	种名	学名
2125	报春花科	百两金	*Ardisia crispa*
2126	报春花科	走马胎	*Ardisia gigantifolia*
2127	报春花科	大罗伞树	*Ardisia hanceana*
2128	报春花科	紫金牛	*Ardisia japonica*
2129	报春花科	山血丹	*Ardisia lindleyana*
2130	报春花科	虎舌红	*Ardisia mamillata*
2131	报春花科	莲座紫金牛	*Ardisia primulifolia*
2132	报春花科	九节龙	*Ardisia pusilla*
2133	报春花科	罗伞树	*Ardisia quinquegona*
2134	报春花科	细罗伞	*Ardisia sinoaustralis*
2135	报春花科	广西过路黄	*Lysimachia alfredii*
2136	报春花科	泽珍珠菜	*Lysimachia candida*
2137	报春花科	细梗香草	*Lysimachia capillipes*
2138	报春花科	过路黄	*Lysimachia christiniae*
2139	报春花科	露珠珍珠菜	*Lysimachia circaeoides*
2140	报春花科	矮桃	*Lysimachia clethroides*
2141	报春花科	临时救	*Lysimachia congestiflora*
2142	报春花科	延叶珍珠菜	*Lysimachia decurrens*
2143	报春花科	五岭管茎过路黄	*Lysimachia fistulosa* var. *wulingensis*
2144	报春花科	大叶过路黄	*Lysimachia fordiana*
2145	报春花科	星宿菜	*Lysimachia fortunei*
2146	报春花科	福建过路黄	*Lysimachia fukienensis*
2147	报春花科	縫瓣珍珠菜	*Lysimachia glanduliflora*
2148	报春花科	黑腺珍珠菜	*Lysimachia heterogenea*
2149	报春花科	长梗过路黄	*Lysimachia longipes*
2150	报春花科	小叶珍珠菜	*Lysimachia parvifolia*
2151	报春花科	巴东过路黄	*Lysimachia patungensis*
2152	报春花科	光叶巴东过路黄	*Lysimachia patungensis*
2153	报春花科	疏头过路黄	*Lysimachia pseudohenryi*
2154	报春花科	疏节过路黄	*Lysimachia remota*
2155	报春花科	庐山疏节过路黄	*Lysimachia remota*
2156	报春花科	腺药珍珠菜	*Lysimachia stenosepala*
2157	报春花科	当归藤	*Embelia parviflora*
2158	报春花科	密齿酸藤子	*Embelia vestita*
2159	山茶科	天目紫茎	*Stewartia gemmata*
2160	山茶科	紫茎	*Stewartia sinensis*
2161	山茶科	小果核果茶	*Pyrenaria microcarpa*
2162	山茶科	银木荷	*Schima argentea*
2163	山茶科	疏齿木荷	*Schima remotiserrata*
2164	山茶科	木荷	*Schima superba*
2165	山茶科	短柱茶	*Camellia brevistyla*

(续)

(续)

序号	科名	种名	学名
2166	山茶科	细叶短柱油茶	*Camellia brevistyla* var. *microphylla*
2167	山茶科	长尾毛蕊茶	*Camellia caudata*
2168	山茶科	浙江红山茶	*Camellia cheriango*
2169	山茶科	贵州连蕊茶	*Camellia costei*
2170	山茶科	尖连蕊茶	*Camellia cuspidata*
2171	山茶科	柃叶连蕊茶	*Camellia euryoides*
2172	山茶科	毛柄连蕊茶	*Camellia fraterna*
2173	山茶科	山茶	*Camellia japonica*
2174	山茶科	油茶	*Camellia oleifera*
2175	山茶科	茶	*Camellia sinensis*
2176	山矾科	腺柄山矾	*Symplocos adenopus*
2177	山矾科	薄叶山矾	*Symplocos anomala*
2178	山矾科	越南山矾	*Symplocos cochinchinensis*
2179	山矾科	黄牛奶树	*Symplocos cochinchinensis* var. *laurina*
2180	山矾科	密花山矾	*Symplocos congesta*
2181	山矾科	福建山矾	*Symplocos fukienensis*
2182	山矾科	羊舌树	*Symplocos glauca*
2183	山矾科	团花山矾	*Symplocos glomerata*
2184	山矾科	毛山矾	*Symplocos groffii*
2185	山矾科	海桐山矾	*Symplocos heishanensis*
2186	山矾科	光叶山矾	*Symplocos lancifolia*
2187	山矾科	光亮山矾	*Symplocos lucida*
2188	山矾科	白檀	*Symplocos paniculata*
2189	山矾科	吊钟山矾	*Symplocos pendula*
2190	山矾科	南岭山矾	*Symplocos pendula*
2191	山矾科	铁山矾	*Symplocos pseudobarberina*
2192	山矾科	多花山矾	*Symplocos ramosissima*
2193	山矾科	老鼠矢	*Symplocos stellaris*
2194	山矾科	山矾	*Symplocos sumuntia*
2195	山矾科	绿枝山矾	*Symplocos viridissima*
2196	山矾科	微毛山矾	*Symplocos wikstroemiifolia*
2197	安息香科	银钟花	*Halesia macgregorii*
2198	安息香科	小叶白辛树	*Pterostyrax corymbosus*
2199	安息香科	岭南山茉莉	*Huodendron biaristatum* var. *parviflorum*
2200	安息香科	赤杨叶	*Alniphyllum fortunei*
2201	安息香科	灰叶安息香	*Styrax calvescens*
2202	安息香科	赛山梅	*Styrax confusus*
2203	安息香科	垂珠花	*Styrax dasyanthus*
2204	安息香科	白花龙	*Styrax faberi*
2205	安息香科	台湾安息香	*Styrax formosanus*
2206	安息香科	大花野茉莉	*Styrax grandiflorus*

(续)

(续)

序号	科名	种名	学名
2207	安息香科	老鸹铃	*Styrax hemsleyana*
2208	安息香科	野茉莉	*Styrax japonicus*
2209	安息香科	玉铃花	*Styrax obassia*
2210	安息香科	芬芳安息香	*Styrax odoratissimus*
2211	安息香科	栓叶安息香	*Styrax suberifolius*
2212	安息香科	越南安息香	*Styrax tonkinensis*
2213	猕猴桃科	软枣猕猴桃	*Actinidia arguta*
2214	猕猴桃科	硬齿猕猴桃	*Actinidia callosa*
2215	猕猴桃科	异色猕猴桃	*Actinidia callosa* Lindl. var. *discolor*
2216	猕猴桃科	京梨猕猴桃	*Actinidia callosa* Lindl. var. *henryi*
2217	猕猴桃科	中华猕猴桃	*Actinidia chinensis*
2218	猕猴桃科	毛花猕猴桃	*Actinidia eriantha*
2219	猕猴桃科	条叶猕猴桃	*Actinidia fortunatii*
2220	猕猴桃科	黄毛猕猴桃	*Actinidia fulvicoma*
2221	猕猴桃科	长叶猕猴桃	*Actinidia hemsleyana*
2222	猕猴桃科	小叶猕猴桃	*Actinidia lanceolata*
2223	猕猴桃科	阔叶猕猴桃	*Actinidia latifolia*
2224	猕猴桃科	美丽猕猴桃	*Actinidia melliana*
2225	猕猴桃科	红茎猕猴桃	*Actinidia rubricaulis*
2226	猕猴桃科	清风藤猕猴桃	*Actinidia sabiifolia*
2227	猕猴桃科	对萼猕猴桃	*Actinidia valvata*
2228	桤叶树科	云南桤叶树	*Clethra delavayi*
2229	杜鹃花科	珍珠花	*Lyonia ovalifolia*
2230	杜鹃花科	小果珍珠花	*Lyonia ovalifolia* var. *elliptica*
2231	杜鹃花科	毛果珍珠花	*Lyonia ovalifolia* var. *hebecarpa*
2232	杜鹃花科	狭叶珍珠花	*Lyonia ovalifolia* var. *lanceolata*
2233	杜鹃花科	南烛	*Vaccinium bracteatum*
2234	杜鹃花科	淡红南烛	*Vaccinium bracteatum* var. *rubellum*
2235	杜鹃花科	短尾越橘	*Vaccinium carlesii*
2236	杜鹃花科	无梗越橘	*Vaccinium henryi*
2237	杜鹃花科	黄背越橘	*Vaccinium iteophyllum*
2238	杜鹃花科	扁枝越橘	*Vaccinium japonicum*
2239	杜鹃花科	长尾乌饭	*Vaccinium longicaudatum*
2240	杜鹃花科	江南越橘	*Vaccinium mandarinorum*
2241	杜鹃花科	刺毛越橘	*Vaccinium trichocladum*
2242	杜鹃花科	光序刺毛越橘	*Vaccinium trichocladum* var. *glabriracemosum*
2243	杜鹃花科	刺毛杜鹃	*Rhododendron championiae*
2244	杜鹃花科	丁香杜鹃	*Rhododendron farrerae*
2245	杜鹃花科	云锦杜鹃	*Rhododendron fortunei*
2246	杜鹃花科	弯蒴杜鹃	*Rhododendron henryi*
2247	杜鹃花科	秃房杜鹃	*Rhododendron henryi* var. *dunnii*

(续)

(续)

序号	科名	种名	学名
2248	杜鹃花科	白马银花	Rhododendron hongkongense
2249	杜鹃花科	鹿角杜鹃	Rhododendron latoucheae
2250	杜鹃花科	岭南杜鹃	Rhododendron mariae
2251	杜鹃花科	满山红	Rhododendron mariesii
2252	杜鹃花科	羊踯躅	Rhododendron molle
2253	杜鹃花科	毛棉杜鹃花	Rhododendron moulmainense
2254	杜鹃花科	南昆杜鹃	Rhododendron naamkwanense
2255	杜鹃花科	马银花	Rhododendron ovatum
2256	杜鹃花科	乳源杜鹃	Rhododendron rhuyuenense
2257	杜鹃花科	毛果杜鹃	Rhododendron seniavinii
2258	杜鹃花科	猴头杜鹃	Rhododendron simiarum
2259	杜鹃花科	杜鹃	Rhododendron simsii
2260	杜鹃花科	长蕊杜鹃	Rhododendron stamineum
2261	杜鹃花科	松下兰	Monotropa hypopitys
2262	杜鹃花科	水晶兰	Monotropa uniflora
2263	杜鹃花科	球果假沙晶兰	Monotropastrum humile
2264	杜鹃花科	鹿蹄草	Pyrola calliantha
2265	杜鹃花科	普通鹿蹄草	Pyrola decorata
2266	杜鹃花科	长叶鹿蹄草	Pyrola elegantula
2267	杜鹃花科	美丽马醉木	Pieris formosa
2268	杜鹃花科	马醉木	Pieris japonica
2269	杜鹃花科	滇白珠	Gaultheria leucocarpa var. yunnanensis
2270	杜鹃花科	灯笼树	Enkianthus chinensis
2271	杜鹃花科	吊钟花	Enkianthus quinqueflorus
2272	杜鹃花科	齿缘吊钟花	Enkianthus serrulatus
2273	杜仲科	杜仲	Eucommia ulmoides
2274	丝缨花科	桃叶珊瑚	Aucuba chinensis
2275	丝缨花科	倒心叶珊瑚	Aucuba obcordata
2276	茜草科	玉叶金花	Mussaenda pubescens
2277	茜草科	大叶白纸扇	Mussaenda shikokiana
2278	茜草科	鸡眼藤	Morinda parvifolia
2279	茜草科	印度羊角藤	Morinda umbellata
2280	茜草科	羊角藤	Morinda umbellata
2281	茜草科	薄叶新耳草	Neanotis hirsuta
2282	茜草科	臭味新耳草	Neanotis ingrata
2283	茜草科	广东新耳草	Neanotis kwangtungensis
2284	茜草科	钩藤	Uncaria rhynchophylla
2285	茜草科	华腺萼木	Mycetia sinensis
2286	茜草科	鸡矢藤	Paederia foetida
2287	茜草科	白毛鸡屎藤	Paederia pertomentosa
2288	茜草科	狭序鸡矢藤	Paederia stenobotrya

(续)

(续)

序号	科名	种名	学名
2289	茜草科	金剑草	*Rubia alata*
2290	茜草科	东南茜草	*Rubia argyi*
2291	茜草科	茜草	*Rubia cordifolia*
2292	茜草科	广州蛇根草	*Ophiorrhiza cantonensis*
2293	茜草科	日本蛇根草	*Ophiorrhiza japonica*
2294	茜草科	东南蛇根草	*Ophiorrhiza mitchelloides*
2295	茜草科	短小蛇根草	*Ophiorrhiza pumila*
2296	茜草科	薄柱草	*Nertera sinensis*
2297	茜草科	栀子	*Gardenia jasminoides*
2298	茜草科	风箱树	*Cephalanthus tetrandrus*
2299	茜草科	尖萼乌口树	*Tarenna acutisepala*
2300	茜草科	白花苦灯笼	*Tarenna mollissima*
2301	茜草科	短刺虎刺	*Damnacanthus giganteus*
2302	茜草科	浙皖虎刺	*Damnacanthus macrophyllus*
2303	茜草科	虎刺	*Damnacanthus indicus*
2304	茜草科	狗骨柴	*Diplospora dubia*
2305	茜草科	水团花	*Adina pilulifera*
2306	茜草科	细叶水团花	*Adina rubella*
2307	茜草科	香果树	*Emmenopterys henryi*
2308	茜草科	六月雪	*Serissa japonica*
2309	茜草科	白马骨	*Serissa serissoides*
2310	茜草科	北方拉拉藤	*Galium boreale*
2311	茜草科	四叶葎	*Galium bungei*
2312	茜草科	狭叶四叶葎	*Galium bungei* var. *angustifolium*
2313	茜草科	阔叶四叶葎	*Galium bungei* var. *trachyspermum*
2314	茜草科	六叶葎	*Galium hoffmeisteri*
2315	茜草科	猪殃殃	*Galium spurium*
2316	茜草科	小叶猪殃殃	*Galium trifidum*
2317	茜草科	粗叶木	*Lasianthus chinensis*
2318	茜草科	日本粗叶木	*Lasianthus japonicus*
2319	茜草科	美脉粗叶木	*Lasianthus lancifolius*
2320	茜草科	剑叶耳草	*Hedyotis caudatifolia*
2321	茜草科	金毛耳草	*Hedyotis chrysotricha*
2322	茜草科	伞房花耳草	*Hedyotis corymbosa*
2323	茜草科	白花蛇舌草	*Hedyotis diffusa*
2324	茜草科	粗毛耳草	*Hedyotis mellii*
2325	茜草科	纤花耳草	*Hedyotis tenelliflora*
2326	茜草科	长节耳草	*Hedyotis uncinella*
2327	茜草科	流苏子	*Coptosapelta diffusa*
2328	茜草科	香楠	*Aidia canthioides*
2329	茜草科	茜树	*Aidia cochinchinensis*

(续)

(续)

序号	科名	种名	学名
2330	茜草科	亨氏香楠	*Aidia henryi*
2331	龙胆科	五岭龙胆	*Gentiana davidii*
2332	龙胆科	华南龙胆	*Gentiana loureiroi*
2333	龙胆科	条叶龙胆	*Gentiana manshurica*
2334	龙胆科	龙胆	*Gentiana scabra*
2335	龙胆科	丛生龙胆	*Gentiana thunbergii*
2336	龙胆科	笔龙胆	*Gentiana zollingeri*
2337	龙胆科	双蝴蝶	*Tripterospermum chinense*
2338	龙胆科	细茎双蝴蝶	*Tripterospermum filicaule*
2339	龙胆科	美丽獐牙菜	*Swertia angustifolia* var. *pulchella*
2340	龙胆科	獐牙菜	*Swertia bimaculata*
2341	马钱科	蓬莱葛	*Gardneria multiflora*
2342	夹竹桃科	七层楼	*Tylophora floribunda*
2343	夹竹桃科	贵州娃儿藤	*Tylophora silvestris*
2344	夹竹桃科	亚洲络石	*Trachelospermum asiaticum*
2345	夹竹桃科	紫花络石	*Trachelospermum axillare*
2346	夹竹桃科	贵州络石	*Trachelospermum bodinieri*
2347	夹竹桃科	短柱络石	*Trachelospermum brevistylum*
2348	夹竹桃科	络石	*Trachelospermum jasminoides*
2349	夹竹桃科	萝藦	*Metaplexis japonica*
2350	夹竹桃科	大花帘子藤	*Pottsia grandiflora*
2351	夹竹桃科	帘子藤	*Pottsia laxiflora*
2352	夹竹桃科	牛奶菜	*Marsdenia sinensis*
2353	夹竹桃科	毛药藤	*Sindechites henryi*
2354	夹竹桃科	牛皮消	*Cynanchum auriculatum*
2355	夹竹桃科	折冠牛皮消	*Cynanchum boudieri*
2356	夹竹桃科	朱砂藤	*Cynanchum officinale*
2357	夹竹桃科	合掌消	*Cynanchum amplexicaule*
2358	夹竹桃科	毛白前	*Cynanchum mooreanum*
2359	夹竹桃科	白薇	*Cynanchum atratum* Bunge
2360	夹竹桃科	徐长卿	*Cynanchum paniculatum*
2361	夹竹桃科	柳叶白前	*Cynanchum stauntonii*
2362	夹竹桃科	链珠藤	*Alyxia sinensis*
2363	夹竹桃科	鳝藤	*Anodendron affine*
2364	夹竹桃科	黑鳗藤	*Jasminanthes mucronata*
2365	夹竹桃科	夹竹桃	*Nerium oleander*
2366	紫草科	厚壳树	*Ehretia acuminata*
2367	紫草科	粗糠树	*Ehretia dicksonii*
2368	紫草科	琉璃草	*Cynoglossum furcatum*
2369	紫草科	小花琉璃草	*Cynoglossum lanceolatum*
2370	紫草科	皿果草	*Omphalotrigonotis cupulifera*

（续）

序号	科名	种名	学名
2371	紫草科	弯齿盾果草	*Thyrocarpus glochidiatus*
2372	紫草科	盾果草	*Thyrocarpus sampsonii*
2373	紫草科	多苞斑种草	*Bothriospermum secundum*
2374	紫草科	柔弱斑种草	*Bothriospermum zeylanicum*
2375	紫草科	附地菜	*Trigonotis peduncularis*
2376	紫草科	紫草	*Lithospermum erythrorhizon*
2377	旋花科	土丁桂	*Evolvulus alsinoides*
2378	旋花科	马蹄金	*Dichondra micrantha*
2379	旋花科	蕹菜	*Ipomoea aquatica*
2380	旋花科	番薯	*Ipomoea batatas*
2381	旋花科	毛牵牛	*Ipomoea biflora*
2382	旋花科	牵牛	*Ipomoea nil*
2383	旋花科	圆叶牵牛	*Ipomoea purpurea*
2384	旋花科	打碗花	*Calystegia hederacea*
2385	旋花科	旋花	*Calystegia sepium*
2386	旋花科	菟丝子	*Cuscuta chinensis*
2387	旋花科	南方菟丝子	*Cuscuta australis*
2388	旋花科	金灯藤	*Cuscuta japonica*
2389	旋花科	裂叶鳞蕊藤	*Lepistemon lobatum*
2390	旋花科	山猪菜	*Merremia umbellata* subsp. *orientalis*
2391	旋花科	飞蛾藤	*Dinetus racemosus*
2392	茄科	辣椒	*Capsicum annuum*
2393	茄科	枸杞	*Lycium chinense*
2394	茄科	龙珠	*Tubocapsicum anomalum*
2395	茄科	少花龙葵	*Solanum americanum*
2396	茄科	牛茄子	*Solanum capsicoides*
2397	茄科	白英	*Solanum lyratum*
2398	茄科	茄	*Solanum melongena*
2399	茄科	龙葵	*Solanum nigrum*
2400	茄科	海桐叶白英	*Solanum pittosporifolium*
2401	茄科	珊瑚樱	*Solanum pseudocapsicum*
2402	茄科	阳芋（马铃薯）	*Solanum tuberosum*
2403	茄科	刺天茄	*Solanum violaceum*
2404	茄科	黄果茄	*Solanum virginianum*
2405	茄科	广西地海椒	*Physaliastrum chamaesarachoides*
2406	茄科	酸浆	*Alkekengi officinarum*
2407	茄科	挂金灯	*Alkekengi officinarum* var. *franchetii*
2408	茄科	苦蘵	*Physalis angulata*
2409	茄科	小酸浆	*Physalis minima*
2410	茄科	毛酸浆	*Physalis philadelphica*
2411	茄科	烟草	*Nicotiana tabacum*

（续）

(续)

序号	科名	种名	学名
2412	木樨科	流苏树	*Chionanthus retusus*
2413	木樨科	狭叶木樨	*Osmanthus attenuatus*
2414	木樨科	宁波木樨	*Osmanthus cooperi*
2415	木樨科	木樨	*Osmanthus fragrans*
2416	木樨科	细脉木樨	*Osmanthus gracilinervis*
2417	木樨科	蒙自桂花	*Osmanthus henryi*
2418	木樨科	厚边木樨	*Osmanthus marginatus*
2419	木樨科	牛矢果	*Osmanthus matsumuranus*
2420	木樨科	网脉木樨	*Osmanthus reticulatus*
2421	木樨科	金钟花	*Forsythia viridissima*
2422	木樨科	金钟花	*Forsythia viridissima*
2423	木樨科	白蜡树	*Fraxinus chinensis*
2424	木樨科	苦枥木	*Fraxinus insularis*
2425	木樨科	庐山梣	*Fraxinus sieboldiana*
2426	木樨科	清香藤	*Jasminum lanceolarium*
2427	木樨科	华素馨	*Jasminum sinense*
2428	木樨科	长叶女贞	*Ligustrum compactum*
2429	木樨科	扩展女贞	*Ligustrum expansum*
2430	木樨科	蜡子树	*Ligustrum leucanthum*
2431	木樨科	华女贞	*Ligustrum lianum*
2432	木樨科	女贞	*Ligustrum lucidum*
2433	木樨科	水蜡	*Ligustrum obtusifolium*
2434	木樨科	总梗女贞	*Ligustrum pricei*
2435	木樨科	小叶女贞	*Ligustrum quihoui*
2436	木樨科	小蜡	*Ligustrum sinense*
2437	木樨科	光萼小蜡	*Ligustrum sinense* var. *myrianthum*
2438	苦苣苔科	大花旋蒴苣苔	*Boea clarkeana*
2439	苦苣苔科	旋蒴苣苔	*Boea hygrometrica*
2440	苦苣苔科	东南长蒴苣苔	*Didymocarpus hancei*
2441	苦苣苔科	闽赣长蒴苣苔	*Didymocarpus heucherifolius*
2442	苦苣苔科	苦苣苔	*Conandron ramondioides*
2443	苦苣苔科	吊石苣苔	*Lysionotus pauciflorus*
2444	苦苣苔科	长瓣马铃苣苔	*Oreocharis auricula*
2445	苦苣苔科	筒花马铃苣苔	*Oreocharis tubiflora*
2446	苦苣苔科	台闽苣苔	*Titanotrichum oldhamii*
2447	苦苣苔科	降龙草	*Hemiboea subcapitata*
2448	苦苣苔科	江西半蒴苣苔	*Hemiboea subacaulis*
2449	苦苣苔科	蚂蟥七	*Primulina fimbrisepala*
2450	苦苣苔科	羽裂报春苣苔	*Primulina pinnatifida*
2451	车前科	爬岩红	*Veronicastrum axillare*
2452	车前科	四方麻	*Veronicastrum caulopterum*

(续)

(续)

序号	科名	种名	学名
2453	车前科	粗壮腹水草	Veronicastrum robustum
2454	车前科	细穗腹水草	Veronicastrum stenostachyum
2455	车前科	腹水草	Veronicastrum stenostachyum subsp. plukenetii
2456	车前科	毛叶腹水草	Veronicastrum villosulum
2457	车前科	刚毛腹水草	Veronicastrum villosulum var. hirsutum
2458	车前科	车前	Plantago asiatica
2459	车前科	大车前	Plantago major
2460	车前科	北水苦荬	Veronica anagallis-aquatica
2461	车前科	直立婆婆纳	Veronica arvensis
2462	车前科	蚊母草	Veronica peregrina
2463	车前科	阿拉伯婆婆纳	Veronica persica
2464	车前科	婆婆纳	Veronica polita
2465	车前科	水苦荬	Veronica undulata
2466	车前科	紫苏草	Limnophila aromatica
2467	车前科	石龙尾	Limnophila sessiliflora
2468	玄参科	醉鱼草	Buddleja lindleyana
2469	玄参科	玄参	Scrophularia ningpoensis
2470	母草科	长叶蝴蝶草	Torenia asiatica
2471	母草科	蓝猪耳	Torenia fournieri
2472	母草科	紫萼蝴蝶草	Torenia violacea
2473	母草科	长蒴母草	Lindernia anagallis
2474	母草科	泥花草	Lindernia antipoda
2475	母草科	母草	Lindernia crustacea
2476	母草科	狭叶母草	Lindernia micrantha
2477	母草科	红骨母草	Lindernia mollis
2478	母草科	陌上菜	Lindernia procumbens
2479	母草科	旱田草	Lindernia ruellioides
2480	母草科	刺毛母草	Lindernia setulosa
2481	芝麻科	芝麻	Sesamum indicum
2482	爵床科	爵床	Justicia procumbens
2483	爵床科	杜根藤	Justicia quadrifaria
2484	爵床科	圆苞杜根藤	Justicia championii
2485	爵床科	山一笼鸡	Strobilanthes aprica
2486	爵床科	板蓝	Strobilanthes cusia
2487	爵床科	少花马蓝	Strobilanthes oliganthus
2488	爵床科	飞来蓝	Ruellia venusta Hance
2489	爵床科	狗肝菜	Dicliptera chinensis
2490	爵床科	白接骨	Asystasia neesiana
2491	爵床科	水蓑衣	Hygrophila ringens
2492	爵床科	中华孩儿草	Rungia chinensis
2493	爵床科	密花孩儿草	Rungia densiflora

(续)

(续)

序号	科名	种名	学名
2494	爵床科	九头狮子草	Peristrophe japonica
2495	紫葳科	凌霄	Campsis grandiflora
2496	狸藻科	黄花狸藻	Utricularia aurea
2497	狸藻科	南方狸藻	Utricularia australis
2498	狸藻科	挖耳草	Utricularia bifida
2499	狸藻科	圆叶挖耳草	Utricularia striatula
2500	狸藻科	小狸藻	Utricularia nana
2501	马鞭草科	马鞭草	Verbena officinalis
2502	唇形科	藿香	Agastache rugosa
2503	唇形科	筋骨草	Ajuga ciliata
2504	唇形科	金疮小草	Ajuga decumbens
2505	唇形科	紫背金盘	Ajuga nipponensis
2506	唇形科	广防风	Anisomeles indica
2507	唇形科	毛药花	Bostrychanthera deflexa
2508	唇形科	紫珠	Callicarpa bodinieri
2509	唇形科	短柄紫珠	Callicarpa brevipes
2510	唇形科	华紫珠	Callicarpa cathayana
2511	唇形科	丘陵紫珠	Callicarpa collina
2512	唇形科	白棠子树	Callicarpa dichotoma
2513	唇形科	杜虹花	Callicarpa formosana
2514	唇形科	老鸦糊	Callicarpa giraldii
2515	唇形科	全缘叶紫珠	Callicarpa integerrima
2516	唇形科	藤紫珠	Callicarpa integerrima var. chinensis
2517	唇形科	枇杷叶紫珠	Callicarpa kochiana
2518	唇形科	广东紫珠	Callicarpa kwangtungensis
2519	唇形科	长叶紫珠	Callicarpa longifolia
2520	唇形科	长柄紫珠	Callicarpa longipes
2521	唇形科	尖尾枫	Callicarpa longissima
2522	唇形科	红紫珠	Callicarpa rubella
2523	唇形科	秃红紫珠	Callicarpa rubella var. subglabra
2524	唇形科	出蕊四轮香	Hanceola exserta
2525	唇形科	宝盖草	Lamium amplexicaule
2526	唇形科	野芝麻	Lamium barbatum
2527	唇形科	香茶菜	Isodon amethystoides
2528	唇形科	毛萼香茶菜	Isodon eriocalyx
2529	唇形科	长管香茶菜	Isodon longitubus
2530	唇形科	线纹香茶菜	Isodon lophanthoides
2531	唇形科	大萼香茶菜	Isodon macrocalyx
2532	唇形科	显脉香茶菜	Isodon nervosus
2533	唇形科	溪黄草	Isodon serra
2534	唇形科	香薷状香简草	Keiskea elsholtzioides

（续）

序号	科名	种名	学名
2535	唇形科	白毛假糙苏	*Paraphlomis albida*
2536	唇形科	短齿白毛假糙苏	*Paraphlomis albida* var. *brevidens*
2537	唇形科	曲茎假糙苏	*Paraphlomis foliata*
2538	唇形科	纤细假糙苏	*Paraphlomis gracilis*
2539	唇形科	假糙苏	*Paraphlomis javanica*
2540	唇形科	小叶假糙苏	*Paraphlomis javanica* var. *coronata*
2541	唇形科	地蚕	*Stachys geobombycis*
2542	唇形科	水苏	*Stachys japonica*
2543	唇形科	甘露子	*Stachys sieboldii*
2544	唇形科	四棱草	*Schnabelia oligophylla*
2545	唇形科	二齿香科科	*Teucrium bidentatum*
2546	唇形科	庐山香科科	*Teucrium pernyi*
2547	唇形科	长毛香科科	*Teucrium pilosum*
2548	唇形科	铁轴草	*Teucrium quadrifarium*
2549	唇形科	血见愁	*Teucrium viscidum*
2550	唇形科	灰毛牡荆	*Vitex canescens*
2551	唇形科	黄荆	*Vitex negundo*
2552	唇形科	牡荆	*Vitex negundo* var. *cannabifolia*
2553	唇形科	山牡荆	*Vitex quinata*
2554	唇形科	山菠菜	*Prunella asiatica*
2555	唇形科	夏枯草	*Prunella vulgaris*
2556	唇形科	臭牡丹	*Clerodendrum bungei*
2557	唇形科	灰毛大青	*Clerodendrum canescens*
2558	唇形科	大青	*Clerodendrum cyrtophyllum*
2559	唇形科	赪桐	*Clerodendrum japonicum*
2560	唇形科	浙江大青	*Clerodendrum kaichianum*
2561	唇形科	江西大青	*Clerodendrum kiangsiense*
2562	唇形科	尖齿臭茉莉	*Clerodendrum lindleyi*
2563	唇形科	海通	*Clerodendrum mandarinorum*
2564	唇形科	海州常山	*Clerodendrum trichotomum*
2565	唇形科	风轮菜	*Clinopodium chinense*
2566	唇形科	邻近风轮菜	*Clinopodium confine*
2567	唇形科	细风轮菜	*Clinopodium gracile*
2568	唇形科	灯笼草	*Clinopodium polycephalum*
2569	唇形科	匍匐风轮菜	*Clinopodium repens*
2570	唇形科	天人草	*Comanthosphace japonica*
2571	唇形科	半枝莲	*Scutellaria barbata*
2572	唇形科	浙江黄芩	*Scutellaria chekiangensis*
2573	唇形科	韩信草（耳挖草）	*Scutellaria indica*
2574	唇形科	长毛韩信草	*Scutellaria indica*
2575	唇形科	两广黄芩	*Scutellaria subintegra*

（续）

(续)

序号	科名	种名	学名
2576	唇形科	兰香草	Caryopteris incana
2577	唇形科	南丹参	Salvia bowleyana
2578	唇形科	贵州鼠尾草	Salvia cavaleriei
2579	唇形科	血盆草	Salvia cavaleriei
2580	唇形科	华鼠尾草	Salvia chinensis
2581	唇形科	鼠尾草	Salvia japonica
2582	唇形科	丹参	Salvia miltiorrhiza
2583	唇形科	荔枝草	Salvia plebeia
2584	唇形科	红根草	Salvia prionitis
2585	唇形科	地埂鼠尾草	Salvia scapiformis
2586	唇形科	黄药豆腐柴	Premna cavaleriei
2587	唇形科	豆腐柴	Premna microphylla
2588	唇形科	水珍珠菜	Pogostemon auricularius
2589	唇形科	紫花香薷	Elsholtzia argyi
2590	唇形科	香薷	Elsholtzia ciliata
2591	唇形科	海州香薷	Elsholtzia splendens
2592	唇形科	紫苏	Perilla frutescens
2593	唇形科	野生紫苏	Perilla frutescens var. purpurascens
2594	唇形科	活血丹	Glechoma longituba
2595	唇形科	小花荠苎	Mosla cavaleriei
2596	唇形科	石香薷	Mosla chinensis
2597	唇形科	小鱼仙草	Mosla dianthera
2598	唇形科	长苞荠苎	Mosla longibracteata
2599	唇形科	石荠苎	Mosla scabra
2600	唇形科	薄荷	Mentha canadensis
2601	唇形科	白花益母草	Leonurus artemisia
2602	唇形科	益母草	Leonurus japonicus
2603	唇形科	细叶益母草	Leonurus sibiricus
2604	唇形科	小叶地笋	Lycopus cavaleriei
2605	唇形科	硬毛地笋	Lycopus lucidus var. hirtus
2606	唇形科	牛至	Origanum vulgare
2607	唇形科	苦梓	Gmelina hainanensis
2608	唇形科	凉粉草	Mesona chinensis
2609	唇形科	华西龙头草	Meehania fargesii
2610	唇形科	块根小野芝麻	Galeobdolon tuberiferum
2611	唇形科	叉枝莸	Tripora divaricata
2612	通泉草科	纤细通泉草	Mazus gracilis
2613	通泉草科	匍茎通泉草	Mazus miquelii
2614	通泉草科	通泉草	Mazus pumilus
2615	通泉草科	林地通泉草	Mazus saltuarius
2616	通泉草科	弹刀子菜	Mazus stachydifolius

(续)

(续)

序号	科名	种名	学名
2617	透骨草科	透骨草	*Phryma leptostachya* subsp. *asiatica*
2618	泡桐科	白花泡桐	*Paulownia fortunei*
2619	泡桐科	台湾泡桐（华东泡桐）	*Paulownia kawakamii*
2620	列当科	黑草	*Buchnera cruciata*
2621	列当科	野菰	*Aeginetia indica*
2622	列当科	中国野菰	*Aeginetia sinensis*
2623	列当科	松蒿	*Phtheirospermum japonicum*
2624	列当科	江南马先蒿	*Pedicularis henryi*
2625	列当科	江西马先蒿（江南马先蒿）	*Pedicularis kiangsiensis*
2626	列当科	阴行草	*Siphonostegia chinensis*
2627	列当科	腺毛阴行草	*Siphonostegia laeta*
2628	列当科	山罗花	*Melampyrum roseum*
2629	列当科	白毛鹿茸草	*Monochasma savatieri*
2630	列当科	鹿茸草	*Monochasma shearer*
2631	列当科	独脚金	*Striga asiatica*
2632	列当科	胡麻草	*Centranthera cochinchinensis*
2633	列当科	中南胡麻草	*Centranthera cochinchinensis* var. *lutea*
2634	冬青科	满树星	*Ilex aculeolata*
2635	冬青科	称星树	*Ilex asprella*
2636	冬青科	短梗冬青	*Ilex buergeri*
2637	冬青科	华中枸骨	*Ilex centrochinensis*
2638	冬青科	凹叶冬青	*Ilex championii*
2639	冬青科	冬青	*Ilex chinensis*
2640	冬青科	密花冬青	*Ilex confertiflora*
2641	冬青科	枸骨	*Ilex cornuta*
2642	冬青科	齿叶冬青	*Ilex crenata*
2643	冬青科	黄毛冬青	*Ilex dasyphylla*
2644	冬青科	显脉冬青	*Ilex editicostata*
2645	冬青科	厚叶冬青	*Ilex elmerrilliana*
2646	冬青科	硬叶冬青	*Ilex ficifolia*
2647	冬青科	榕叶冬青	*Ilex ficoidea*
2648	冬青科	福建冬青	*Ilex fukienensis*
2649	冬青科	伞花冬青	*Ilex godajam*
2650	冬青科	皱柄冬青	*Ilex kengii*
2651	冬青科	广东冬青	*Ilex kwangtungensis*
2652	冬青科	大叶冬青	*Ilex latifolia*
2653	冬青科	汝昌冬青	*Ilex limii*
2654	冬青科	木姜冬青	*Ilex litseifolia*
2655	冬青科	矮冬青	*Ilex lohfauensis*
2656	冬青科	大果冬青	*Ilex macrocarpa*
2657	冬青科	长梗冬青	*Ilex macrocarpa* var. *longipedunculata*

(续)

(续)

序号	科名	种名	学名
2658	冬青科	大柄冬青	*Ilex macropoda*
2659	冬青科	小果冬青	*Ilex micrococca*
2660	冬青科	亮叶冬青	*Ilex nitidissima*
2661	冬青科	疏齿冬青	*Ilex oligodonta*
2662	冬青科	具柄冬青	*Ilex pedunculosa*
2663	冬青科	猫儿刺	*Ilex pernyi*
2664	冬青科	毛冬青	*Ilex pubescens*
2665	冬青科	铁冬青	*Ilex rotunda*
2666	冬青科	书坤冬青	*Ilex shukunii*
2667	冬青科	华南冬青	*Ilex sterrophylla*
2668	冬青科	香冬青	*Ilex suaveorens*
2669	冬青科	拟榕叶冬青	*Ilex subficodiea*
2670	冬青科	四川冬青	*Ilex szechwanensis*
2671	冬青科	三花冬青	*Ilex triflora*
2672	冬青科	罗浮冬青	*Ilex tutcheri*
2673	冬青科	温州冬青	*Ilex wenchowensis*
2674	冬青科	尾叶冬青	*Ilex wilsonii*
2675	冬青科	武功山冬青	*Ilex wugongshanensis*
2676	桔梗科	华东杏叶沙参	*Adenophora petiolata* subsp. *huadungensis*
2677	桔梗科	杏叶沙参	*Adenophora petiolata*
2678	桔梗科	中华沙参	*Adenophora sinensis*
2679	桔梗科	沙参	*Adenophora stricta*
2680	桔梗科	轮叶沙参	*Adenophora tetraphylla*
2681	桔梗科	金钱豹	*Campanumoea javanica*
2682	桔梗科	羊乳	*Codonopsis lanceolata*
2683	桔梗科	轮钟草	*Cyclocodon lancifolius*
2684	桔梗科	半边莲	*Lobelia chinensis*
2685	桔梗科	江南山梗菜	*Lobelia davidii*
2686	桔梗科	线萼山梗菜	*Lobelia melliana*
2687	桔梗科	铜锤玉带草	*Lobelia nummularia*
2688	桔梗科	山梗菜	*Lobelia sessilifolia*
2689	桔梗科	桔梗	*Platycodon grandiflorus*
2690	桔梗科	蓝花参	*Wahlenbergia marginata*
2691	桔梗科	异檐花	*Triodanis perfoliata* subsp. *biflora*
2692	桔梗科	穿叶异檐花	*Triodanis perfoliata*
2693	睡菜科	荇菜	*Nymphoides peltata*
2694	菊科	泥胡菜	*Hemisteptia lyrata*
2695	菊科	小一点红	*Emilia prenanthoidea*
2696	菊科	一点红	*Emilia sonchifolia*
2697	菊科	芫荽菊	*Cotula anthemoides*
2698	菊科	野茼蒿	*Crassocephalum crepidioides*

(续)

(续)

序号	科名	种名	学名
2699	菊科	牛膝菊	*Galinsoga parviflora*
2700	菊科	一年蓬	*Erigeron annuus*
2701	菊科	香丝草	*Erigeron bonariensis*
2702	菊科	小蓬草	*Erigeron canadensis*
2703	菊科	苏门白酒草	*Erigeron sumatrensis*
2704	菊科	多须公	*Eupatorium chinense*
2705	菊科	佩兰	*Eupatorium fortunei*
2706	菊科	白头婆	*Eupatorium japonicum*
2707	菊科	林泽兰	*Eupatorium lindleyanum*
2708	菊科	细叶湿鼠曲草	*Gnaphalium japonicum*
2709	菊科	多茎湿鼠曲草	*Gnaphalium polycaulon*
2710	菊科	鼠曲草	*Pseudognaphalium affine*
2711	菊科	宽叶鼠曲草	*Pseudognaphalium adnatum*
2712	菊科	秋鼠麹草	*Pseudognaphalium hypoleucum*
2713	菊科	菊三七	*Gynura japonica*
2714	菊科	茼蒿	*Glebionis coronaria*
2715	菊科	刺儿菜	*Cirsium arvense* var. *integrifolium*
2716	菊科	蓟	*Cirsium japonicum*
2717	菊科	线叶蓟	*Cirsium lineare*
2718	菊科	三脉紫菀	*Aster trinervius* subsp. *ageratoides*
2719	菊科	白舌紫菀	*Aster baccharoides*
2720	菊科	毛枝三脉紫菀	*Aster ageratoides*
2721	菊科	宽伞三脉紫菀	*Aster ageratoides* var. *laticorymbus*
2722	菊科	白舌紫菀	*Aster baccharoides*
2723	菊科	马兰	*Aster indicus*
2724	菊科	短冠东风菜	*Aster marchandii*
2725	菊科	琴叶紫菀	*Aster panduratus*
2726	菊科	全叶马兰	*Aster pekinensis*
2727	菊科	东风菜	*Aster scaber*
2728	菊科	毡毛马兰	*Aster shimadae*
2729	菊科	紫菀	*Aster tataricus*
2730	菊科	陀螺紫菀	*Aster turbinatus*
2731	菊科	秋分草	*Aster verticillatus*
2732	菊科	小鱼眼草	*Dichrocephala benthamii*
2733	菊科	鱼眼草	*Dichrocephala integrifolia*
2734	菊科	鳢肠	*Eclipta prostrata*
2735	菊科	黄山蟹甲草	*Parasenecio hwangshanicus*
2736	菊科	矢镞叶蟹甲草	*Parasenecio rubescens*
2737	菊科	林生假福王草	*Paraprenanthes diversifolia*
2738	菊科	假福王草	*Paraprenanthes sororia*
2739	菊科	中华苦荬菜	*Ixeris chinensis*

(续)

(续)

序号	科名	种名	学名
2740	菊科	剪刀股	*Ixeris japonica*
2741	菊科	苦荬菜	*Ixeris polycephala*
2742	菊科	心叶帚菊	*Pertya cordifolia*
2743	菊科	聚头帚菊	*Pertya desmocephala*
2744	菊科	长花帚菊	*Pertya scandens*
2745	菊科	蜂斗菜	*Petasites japonicus*
2746	菊科	日本毛连菜	*Picris japonica*
2747	菊科	兔耳一枝箭	*Piloselloides hirsuta*
2748	菊科	台湾翅果菊	*Lactuca formosana*
2749	菊科	翅果菊	*Lactuca indica*
2750	菊科	毛脉翅果菊	*Lactuca raddeana*
2751	菊科	莴笋	*Lactuca sativa* var. *angustata*
2752	菊科	裸柱菊	*Soliva anthemifolia*
2753	菊科	兔儿伞	*Syneilesis aconitifolia*
2754	菊科	山牛蒡	*Synurus deltoides*
2755	菊科	蒲公英	*Taraxacum mongolicum*
2756	菊科	狗舌草	*Tephroseris kirilowii*
2757	菊科	狭苞橐吾	*Ligularia intermedia*
2758	菊科	稻槎菜	*Lapsanastrum apogonoides*
2759	菊科	红果黄鹌菜	*Youngia erythrocarpa*
2760	菊科	黄鹌菜	*Youngia japonica*
2761	菊科	苍耳	*Xanthium strumarium*
2762	菊科	六棱菊	*Laggera alata*
2763	菊科	旋覆花	*Inula japonica*
2764	菊科	大丁草	*Leibnitzia anandria*
2765	菊科	糙叶斑鸠菊	*Vernonia aspera*
2766	菊科	夜香牛	*Vernonia cinerea*
2767	菊科	茄叶斑鸠菊	*Strobocalyx solanifolia*
2768	菊科	菊花	*Chrysanthemum × morifolium*
2769	菊科	野菊	*Chrysanthemum indicum*
2770	菊科	丝毛飞廉	*Carduus crispus*
2771	菊科	天名精	*Carpesium abrotanoides*
2772	菊科	烟管头草	*Carpesium cernuum*
2773	菊科	金挖耳	*Carpesium divaricatum*
2774	菊科	石胡荽	*Centipeda minima*
2775	菊科	蒲儿根	*Sinosenecio oldhamianus*
2776	菊科	一枝黄花	*Solidago decurrens*
2777	菊科	苦苣菜	*Sonchus oleraceus*
2778	菊科	苣荬菜	*Sonchus wightianus*
2779	菊科	苍术	*Atractylodes lancea*
2780	菊科	婆婆针	*Bidens bipinnata*

(续)

(续)

序号	科名	种名	学名
2781	菊科	金盏银盘	*Bidens biternata*
2782	菊科	大狼杷草	*Bidens frondosa*
2783	菊科	鬼针草	*Bidens pilosa*
2784	菊科	狼杷草	*Bidens tripartita*
2785	菊科	馥芳艾纳香	*Blumea aromatica*
2786	菊科	柔毛艾纳香	*Blumea axillaris*
2787	菊科	台北艾纳香	*Blumea formosana*
2788	菊科	七里明	*Blumea clarkei*
2789	菊科	毛毡草	*Blumea hieraciifolia*
2790	菊科	裂苞艾纳香	*Blumea martiniana*
2791	菊科	东风草	*Blumea megacephala*
2792	菊科	长圆叶艾纳香	*Blumea oblongifolia*
2793	菊科	少叶艾纳香	*Blumea hamiltonii*
2794	菊科	林荫千里光	*Senecio nemorensis*
2795	菊科	千里光	*Senecio scandens*
2796	菊科	闽粤千里光	*Senecio stauntonii*
2797	菊科	牛蒡	*Arctium lappa*
2798	菊科	黄腺香青	*Anaphalis aureopunctata*
2799	菊科	珠光香青	*Anaphalis margaritacea*
2800	菊科	香青	*Anaphalis sinica Hance*
2801	菊科	翅茎香青	*Anaphalis sinica f.*
2802	菊科	山黄菊	*Anisopappus chinensis*
2803	菊科	狭叶兔儿风	*Ainsliaea angustifolia*
2804	菊科	杏香兔儿风	*Ainsliaea fragrans*
2805	菊科	四川兔儿风	*Ainsliaea glabra*
2806	菊科	长穗兔儿风	*Ainsliaea henryi*
2807	菊科	灯台兔儿风	*Ainsliaea kawakamii*
2808	菊科	宽穗兔儿风	*Ainsliaea latifolia*
2809	菊科	阿里山兔儿风	*Ainsliaea macroclinidioides*
2810	菊科	黄花蒿	*Artemisia annua*
2811	菊科	奇蒿	*Artemisia anomala*
2812	菊科	艾	*Artemisia argyi*
2813	菊科	暗绿蒿	*Artemisia atrovirens*
2814	菊科	茵陈蒿	*Artemisia capillaris*
2815	菊科	青蒿	*Artemisia caruifolia*
2816	菊科	牡蒿	*Artemisia japonica*
2817	菊科	白苞蒿	*Artemisia lactiflora*
2818	菊科	矮蒿	*Artemisia lancea*
2819	菊科	野艾蒿	*Artemisia lavandulifolia*
2820	菊科	魁蒿	*Artemisia princeps*
2821	菊科	蒌蒿	*Artemisia selengensis*

(续)

序号	科名	种名	学名
2822	菊科	阴地蒿	*Artemisia sylvatica*
2823	菊科	黄毛蒿	*Artemisia velutina*
2824	菊科	藿香蓟	*Ageratum conyzoides*
2825	菊科	下田菊	*Adenostemma lavenia*
2826	菊科	卢山风毛菊	*Saussurea bullockii*
2827	菊科	风毛菊	*Saussurea japonica*
2828	菊科	毛梗豨莶	*Sigesbeckia glabrescens*
2829	菊科	豨莶	*Sigesbeckia orientalis*
2830	菊科	腺梗豨莶	*Sigesbeckia pubescens*
2831	菊科	豚草	*Ambrosia artemisiifolia*
2832	菊科	羊耳菊	*Duhaldea cappa*
2833	菊科	向日葵	*Helianthus annuus*
2834	菊科	三角叶须弥菊	*Himalaiella deltoidea*
2835	五福花科	接骨草	*Sambucus javanica*
2836	五福花科	接骨木	*Sambucus williamsii*
2837	五福花科	金腺荚蒾	*Viburnum chunii*
2838	五福花科	樟叶荚蒾	*Viburnum cinnamomifolium*
2839	五福花科	伞房荚蒾	*Viburnum corymbiflorum*
2840	五福花科	水红木	*Viburnum cylindricum*
2841	五福花科	粤赣荚蒾	*Viburnum dalzielii*
2842	五福花科	荚蒾	*Viburnum dilatatum*
2843	五福花科	宜昌荚蒾	*Viburnum erosum*
2844	五福花科	直角荚蒾	*Viburnum foetidum* var. *rectangulatum*
2845	五福花科	南方荚蒾	*Viburnum fordiae*
2846	五福花科	光萼荚蒾	*Viburnum formosanum* subsp. *leiogynum*
2847	五福花科	聚花荚蒾	*Viburnum glomeratum*
2848	五福花科	披针叶荚蒾	*Viburnum lancifolium*
2849	五福花科	吕宋荚蒾	*Viburnum luzonicum*
2850	五福花科	蝴蝶戏珠花	*Viburnum plicatum*
2851	五福花科	球核荚蒾	*Viburnum propinquum*
2852	五福花科	常绿荚蒾	*Viburnum sempervirens*
2853	五福花科	具毛常绿荚蒾	*Viburnum sempervirens* var. *trichophorum*
2854	五福花科	茶荚蒾	*Viburnum setigerum*
2855	忍冬科	南方六道木	*Zabelia dielsii*
2856	忍冬科	淡红忍冬	*Lonicera acuminata*
2857	忍冬科	华南忍冬	*Lonicera confusa*
2858	忍冬科	锈毛忍冬	*Lonicera ferruginea*
2859	忍冬科	菰腺忍冬	*Lonicera hypoglauca*
2860	忍冬科	忍冬	*Lonicera japonica*
2861	忍冬科	大花忍冬	*Lonicera macrantha*
2862	忍冬科	皱叶忍冬	*Lonicera reticulata*

(续)

序号	科名	种名	学名
2863	忍冬科	细毡毛忍冬	*Lonicera similis*
2864	忍冬科	锦带花	*Weigela florida*
2865	忍冬科	半边月	*Weigela japonica* var. *sinica*
2866	忍冬科	长序缬草	*Valeriana hardwickii*
2867	忍冬科	缬草	*Valeriana officinalis*
2868	忍冬科	墓头回	*Patrinia heterophylla*
2869	忍冬科	少蕊败酱	*Patrinia monandra*
2870	忍冬科	败酱	*Patrinia scabiosifolia*
2871	忍冬科	攀倒甑	*Patrinia villosa*
2872	忍冬科	糯米条	*Abelia chinensis*
2873	忍冬科	蓪梗花	*Abelia uniflora*
2874	海桐科	短萼海桐	*Pittosporum brevicalyx*
2875	海桐科	狭叶海桐	*Pittosporum glabratum* var. *neriifolium*
2876	海桐科	海金子	*Pittosporum illicioides*
2877	海桐科	少花海桐	*Pittosporum pauciflorum*
2878	海桐科	海桐	*Pittosporum tobira*
2879	五加科	短梗幌伞枫	*Heteropanax brevipedicellatus*
2880	五加科	短梗大参	*Macropanax rosthornii*
2881	五加科	野楤头	*Aralia armata*
2882	五加科	黄毛楤木	*Aralia chinensis*
2883	五加科	白背叶楤木	*Aralia chinensis* var. *nuda*
2884	五加科	头序楤木	*Aralia dasyphylla*
2885	五加科	棘茎楤木	*Aralia echinocaulis*
2886	五加科	楤木	*Aralia elata*
2887	五加科	长刺楤木	*Aralia spinifolia*
2888	五加科	波缘楤木	*Aralia undulata*
2889	五加科	竹节参	*Panax japonicus*
2890	五加科	刺楸	*Kalopanax septemlobus*
2891	五加科	刚毛白簕	*Eleutherococcus setosus*
2892	五加科	白簕	*Eleutherococcus trifoliatus*
2893	五加科	红马蹄草	*Hydrocotyle nepalensis*
2894	五加科	天胡荽	*Hydrocotyle sibthorpioides*
2895	五加科	破铜钱	*Hydrocotyle sibthorpioides* var. *batrachium*
2896	五加科	肾叶天胡荽	*Hydrocotyle wilfordii*
2897	五加科	常春藤	*Hedera nepalensis*
2898	五加科	通脱木	*Tetrapanax papyrifer*
2899	五加科	吴茱萸五加	*Gamblea ciliata*
2900	五加科	穗序鹅掌柴	*Heptapleurum delavayi*
2901	五加科	星毛鸭脚木	*Schefflera minutistellata*
2902	五加科	挤果树参	*Dendropanax confertus*
2903	五加科	树参	*Dendropanax dentiger*

(续)

(续)

序号	科名	种名	学名
2904	五加科	变叶树参	Dendropanax proteus
2905	五加科	异叶梁王茶	Metapanax davidii
2906	伞形科	鸭儿芹	Cryptotaenia japonica
2907	伞形科	重齿当归	Angelica biserrata
2908	伞形科	拐芹	Angelica polymorpha
2909	伞形科	小窃衣	Torilis japonica
2910	伞形科	窃衣	Torilis scabra
2911	伞形科	蛇床	Cnidium monnieri
2912	伞形科	水芹	Oenanthe javanica
2913	伞形科	卵叶水芹	Oenanthe javanica subsp. rosthornii
2914	伞形科	线叶水芹	Oenanthe linearis
2915	伞形科	异叶茴芹	Pimpinella diversifolia
2916	伞形科	囊瓣芹	Pternopetalum davidii
2917	伞形科	膜蕨囊瓣芹	Pternopetalum trichomanifolium
2918	伞形科	前胡	Peucedanum praeruptorum
2919	伞形科	变豆菜	Sanicula chinensis
2920	伞形科	薄片变豆菜	Sanicula lamelligera
2921	伞形科	直刺变豆菜	Sanicula orthacantha
2922	伞形科	隔山香	Ostericum citriodorum
2923	伞形科	大齿山芹	Ostericum grosseserratum
2924	伞形科	白苞芹	Nothosmyrnium japonicum
2925	伞形科	藁本	Ligusticum sinense
2926	伞形科	马蹄芹	Dickinsia hydrocotyloides
2927	伞形科	野胡萝卜	Daucus carota
2928	伞形科	胡萝卜	Daucus carota var. sativa
2929	伞形科	短毛独活	Heracleum moellendorffii
2930	伞形科	芫荽	Coriandrum sativum
2931	伞形科	竹叶柴胡	Bupleurum marginatum
2932	伞形科	旱芹	Apium graveolens
2933	伞形科	积雪草	Centella asiatica
2934	伞形科	峨参	Anthriscus sylvestris

表2 江西马头山站国家重点保护野生植物名录

序号	中文名	学名	保护级别	
石松类和蕨类植物					
	石松科	**Lycopodiaceae**		
1	蛇足石杉	Huperzia serrata	二级	
	合囊蕨科	**Marattiaceae**		
2	福建观音座莲	Angiopteris fokiensis	二级	

(续)

序号	中文名	学名	保护级别	
		裸子植物		
	柏科	**Cupressaceae**		
3	福建柏	*Fokienia hodginsii*	二级	
	红豆杉科	**Taxaceae**		
4	南方红豆杉	*Taxus wallichiana* var. *mairei*	一级	
5	长叶榧树	*Torreya jackii*	二级	
		被子植物		
	莼菜科	**Cabombaceae**		
6	莼菜	*Brasenia schreberi*	二级	
	樟科	**Lauraceae**		
7	闽楠	*Phoebe bournei*	二级	
8	浙江楠	*Phoebe chekiangensis*	二级	
9	天竺桂	*Cinnamomum japonicum*	二级	
10	润楠	*Machilus nanmu*	二级	
	藜芦科	**Melanthiaceae**		
11	球药隔重楼	*Paris fargesii*	二级	
12	华重楼	*Paris polyphylla* var. *chinensis*	二级	
13	黑籽重楼	*Paris thibetica*	二级	
	百合科	**Liliaceae**		
14	荞麦叶大百合	*Cardiocrinum cathayanum*	二级	
	兰科	**Orchidaceae**		
15	白及	*Bletilla striata*	二级	
16	独花兰	*Changnienia amoena*	二级	
17	建兰	*Cymbidium ensifolium*	二级	
18	蕙兰	*Cymbidium faberi*	二级	
19	多花兰	*Cymbidium floribundum*	二级	
20	春兰	*Cymbidium goeringii*	二级	
21	寒兰	*Cymbidium kanran*	二级	
22	峨眉春蕙	*Cymbidium omeiense*	二级	
23	墨兰	*Cymbidium sinense*	二级	
24	细茎石斛	*Dendrobium moniliforme*	二级	
25	独蒜兰	*Pleione bulbocodioides*	二级	
	禾本科	**Poaceae**		
26	中华结缕草	*Zoysia sinica*	二级	
	小檗科	**Berberidaceae**		
27	六角莲	*Dysosma pleiantha*	二级	
28	八角莲	*Dysosma versipellis*	二级	
	毛茛科	**Ranunculaceae**		
29	黄连	*Coptis chinensis*	二级	
30	短萼黄连	*Coptis chinensis* var. *brevisepala*	二级	

(续)

序号	中文名	学名	保护级别	
	连香树科	**Cercidiphyllaceae**		
31	连香树	*Cercidiphyllum japonicum*	二级	
	豆科	**Fabaceae**		
32	野大豆	*Glycine soja*	二级	
33	花榈木	*Ormosia henryi*	二级	
34	红豆树	*Ormosia hosiei*	二级	
	榆科	**Ulmaceae**		
35	长序榆	*Ulmus elongata*	二级	
36	大叶榉树	*Zelkova schneideriana*	二级	
	楝科	**Meliaceae**		
37	红椿	*Toona ciliata*	二级	
	叠珠树科	**Akaniaceae**		
38	伯乐树（钟萼木）	*Bretschneidera sinensis*	二级	
	蓼科	**Polygonaceae**		
39	金荞麦	*Fagopyrum dibotrys*	二级	
	绣球花科	**Hydrangeaceae**		
40	蛛网萼	*Platycrater argnta*	二级	
	猕猴桃科	**Actinidiaceae**		
41	软枣猕猴桃	*Actinidia arguta*	二级	
42	中华猕猴桃	*Actinidia chinensis*	二级	
43	条叶猕猴桃	*Actinidia fortunatii*	二级	
	茜草科	**Rubiaceae**		
44	香果树	*Emmenopterys henryi*	二级	
	苦苣苔科	**Gesneriaceae**		
45	报春苣苔	*Primulina tabacum*	二级	
	唇形科	**Lamiaceae**		
46	苦梓	*Gmelina hainanensis*	二级	

参考文献

胡根秀，刘学东，罗晓敏. 江西马头山高等植物编目 [M]. 南昌：江西科学技术出版社，2022.

刘信中，傅清. 江西马头山自然保护区科学考察与稀有植物群落研究 [M]. 北京：中国林业出版社，2006.

表3 江西马头山站国家重点保护野生动物名录

序号	中文名	学名	保护级别	
		脊索动物门 CHORDATA		
		哺乳纲 MAMMALIA		
	灵长目	**PRIMATES**		
	猴科	**Cercopithecidae**		
1	猕猴	*Macaca mulatta*	二级	

(续)

(续)

序号	中文名	学名	保护级别	
	鳞甲目	**PHOLIDOTA**		
	鲮鲤科	**Manidae**		
2	穿山甲	*Manis pentadactyla aurita*	一级	
	食肉目	**CARNIVORA**		
	犬科	**Canidae**		
3	狼	*Canis lupus*		二级
4	赤狐	*Vulpes vulpes hooie*		二级
5	貉	*Nyctereutes procyonoides*		二级
6	豺	*Cuon alpinus*	一级	
	熊科	**Ursidae**		
7	黑熊	*Selenarctos thibertanus mupinensis*		二级
	鼬科	**Mustelidae**		
8	黄喉貂（青鼬）	*Martes flavigula flavigula*		二级
9	水獭	*Lutra lutra chinensis*		二级
	灵猫科	**Viverridae**		
10	大灵猫	*Viverra zibetha ashtoni*	一级	
11	小灵猫	*Viverricula indica pallida*	一级	
	猫科	**Felidae**		
12	豹猫	*Felis bengalensis*		二级
13	金猫	*Profelis temmincki*	一级	
14	云豹	*Neofelis nebuloas nebuloas*	一级	
15	豹	*Panthera pardus*	一级	
16	虎	*Panthera tigris*	一级	
	偶蹄目	**ARTIODACTYLA**		
	鹿科	**Cervidae**		
17	毛冠鹿	*Elaphadus cephalophus*		二级
18	黑麂	*Muntiacus crinifrons*	一级	
19	水鹿	*Cervus unicolor dejeani*		二级
	牛科	**Bovidae**		
20	鬣羚	*Capricornis sumatraensis*		二级
21	斑羚	*Naemorhedus goral*		二级
	鸟纲AVES			
	鸡形目	**GALLIFORMES**		
	雉科	**Phasianidae**		
22	白眉山鹧鸪	*Arborophila gingica*		二级
23	黄腹角雉	*Tragopan caboti*	一级	
24	白鹇	*Lophura nycthemera*		二级
25	白颈长尾雉	*Syrmaticus ellioti*	一级	
26	勺鸡	*Pucrasia macrolopha*		二级
27	红腹锦鸡	*Chrysolophus pictus*		二级
	雁形目	**ANSERIFORMES**		
	鸭科	**Anatidae**		
28	鸳鸯	*Aix galericulata*		二级

(续)

序号	中文名	学名	保护级别	
29	棉凫	*Nettapus coromandelianus*		二级
	鸽形目	**COLUMBIFOMES**		
	鸠鸽科	**Columbidae**		
30	斑尾鹃鸠	*Macropygia unchall*		二级
	鹃形目	**CUCULIFORMES**		
	杜鹃科	**Cuculidae**		
31	褐翅鸦鹃	*Centropus sinensis*		二级
32	小鸦鹃	*Centropus bengalensis*		二级
	鹳形目	**CICONIIFORMES**		
	鹳科	**Ciconiidae**		
33	黑鹳	*Dupetor flavicollis*	一级	
	鹰形目	**ACCIPITRIFORMES**		
	鹗科	**Pandionidae**		
34	鹗	*Pandion haliaetus*		二级
	鹰科	**Accipitridae**		
35	黑翅鸢	*Elanus caeruleus*		二级
36	凤头蜂鹰	*Pernis ptilorhynchus*		二级
37	黑冠鹃隼	*Aviceda leuphotes*		二级
38	蛇雕	*Spilornis cheela*		二级
39	鹰雕	*Nisaetus nipalensis*		二级
40	林雕	*Ictinaetus malaiensis*		二级
41	凤头鹰	*Accipiter trivirgatus*		二级
42	赤腹鹰	*Accipiter soloensis*		二级
43	松雀鹰	*Accipiter virgatus*		二级
44	雀鹰	*Accipiter nisus*		二级
45	黑鸢	*Milvus migrans*		二级
46	栗鸢	*Haliastur indus*		二级
47	苍鹰	*Accipiter gentiles*		二级
48	普通鵟	*Buteo japonicus*		二级
49	毛脚鵟	*Buteo lagopus*		二级
50	金雕	*Aquila chrysaetos*		二级
51	乌雕	*Clanga clanga*		二级
52	白尾鹞	*Circus cyaneus*		二级
	鸮形目	**STRIGIFORMES**		
	鸱鸮科	**Strigidae**		
53	黄嘴角鸮	*Otus spilocephalus*		二级
54	鹰鸮	*Ninox scutulata*		二级
55	褐林鸮	*Strix leptogrammica*		二级
56	长耳鸮	*Asio otus*		二级
57	雕鸮	*Bubo bubo*		二级
58	短耳鸮	*Asio flmmeus*		二级
59	领角鸮	*Otus lettia*		二级
60	红角鸮	*Otus sunia*		二级

(续)

附 表 177

(续)

序号	中文名	学名	保护级别	
61	领鸺鹠	*Glaucidium brodiei*		二级
62	斑头鸺鹠	*Glaucidium cuculoides*		二级
	草鸮科	**Tytonidae**		
63	草鸮	*Tyto capensis*		二级
	佛法僧目	**CORACIIFORMES**		
	蜂虎科	**Meropidae**		
64	蓝喉蜂虎	*Merops viridis*		二级
	翠鸟科	**Alcedinidae**		
65	白胸翡翠	*Halcyon smyrnensis*		二级
	隼形目	**FALCONIFORMES**		
	隼科	**Falconidae**		
66	红隼	*Falco tinnunculus*		二级
67	白腿小隼	*Microhierax melanoleucos*		二级
68	燕隼	*Falco subbuteo*		二级
69	灰背隼	*Falco columbarius*		二级
70	游隼	*Falco peregrinus*		二级
	八色鸫科	**Pittidae**		
71	仙八色鸫	*Pitta nympha*		二级
	百灵科	**Alaudidae**		
72	云雀	*Alauda arvensis*		二级
	鹟科	**Muscicapidae**		
73	大仙鹟	*Niltava grandis*		二级
	燕雀科	**Fringillidae**		
74	藏雀	*Kozlowia roborowskii*		二级
	鹀科	**Emberizidae**		
75	黄胸鹀	*Emberiza aureola*	一级	
	爬行纲 REPTILIA			
	龟鳖目	**TESTUDINES**		
	平胸龟科	**Platysternidae**		
76	平胸龟	*Platysternon megacepholum*		二级
	淡水龟科	**Bataguridae**		
77	乌龟	*Chinemys reevesii*		二级
	鳖科	**Trionychidae**		
78	鳖	*Pelodiscus sinensis*	一级	
	蛇亚目	**Serpentes**		
	闪鳞蛇科	**Xenopeltidae**		
79	海南闪鳞蛇	*Xenopeltis hainanensis*		二级
	眼镜蛇科	**Elapidae**		
80	眼镜王蛇	*Ophiophagus hannah*		二级
	有尾目	**Caudata**		
	隐鳃鲵科	**Cryptobranchidae**		
81	大鲵	*Andrias davidianus*		二级

表4　江西马头山站其他重点陆生野生动物名录

序号	中文名	学名	备注
	哺乳纲 MAMMALIA		
	兔形目	LAGOMORPHA	
	兔科	Leporidae	
1	华南兔	L. sinensis	
	食肉目	CARNIVORA	
	鼬科	Mustelidae	
2	狗獾	Meles meles chinensis	
3	猪獾	Arctonyx collaris albogularis	
	偶蹄目	ARTIODACTYLA	
	鹿科	Cervidae	
4	赤麂	Mutiacus muntjak	
	鸟纲 AVES		
	鸡形目	GALLIFORMES	
	雉科	Phasianidae	
5	灰胸竹鸡	Bambusicola thoracicus	
6	中华鹧鸪	Francolinus pintadeanus	
	雁形目	ANSERIFORMES	
	鸭科	Anatidae	
7	赤颈鸭	Mareca penelope	
8	绿翅鸭	Anas crecca	
9	罗纹鸭	Mareca falcata	
10	绿头鸭	Anas platyrhynchos	
11	豆雁	Anser fabalis	
12	斑嘴鸭	Anas zonorhyncha	
	鹈鹕目	PODICIPEDIFORMES	
	鹈鹕科	Podicipedidae	
13	小䴙䴘	Tachybaptus ruficollis	
	鸽形目	COLUMBIFOMES	
	鸠鸽科	columbidae	
14	山斑鸠	Streptopelia orientalis	
15	火斑鸠	Streptopelia tranquebarica	
16	灰林鸽	Columba pulchricollis	
17	珠颈斑鸠	Spilopelia chinensis	
	夜鹰目	CAPRIULGIFORMES	
	夜鹰科	Caprimulgidae	
18	普通夜鹰	Caprimulgus jotaka	
	雨燕科	Apodidae	
19	白喉针尾雨燕	Hirundapus caudacutus	
20	白腰雨燕	Apus pacificus	
21	小白腰雨燕	Apus nipalensis	

（续）

序号	中文名	学名	备注
	鹃形目	**CUCULIFORMES**	
	杜鹃科	**Cuculidae**	
22	红翅凤头鹃	*Clamator coromandus*	
23	鹰鹃	*Hierococcyx sparverioides*	
24	噪鹃	*Eudynamys scolopacea*	
25	普通鹰鹃	*Cuculus varius*	
26	大杜鹃	*Cuculus canorus*	
27	四声杜鹃	*Cuculus micropterus*	
	鹤形目	**GRUIFORMES**	
	秧鸡科	**Rallidae**	
28	红脚苦恶鸟	*Amaurornis akool*	
29	白胸苦恶鸟	*Amaurornis phoenicurus*	
30	普通秧鸡	*Rallus indicus*	
31	小田鸡	*Porzana pusilla*	
32	红胸田鸡	*Porzana fusca*	
33	董鸡	*Gallicrex cinerea*	
34	白骨顶	*Fulica atra*	
35	黑水鸡	*Gallinula chloropus*	
	鸻形目	**CHARADRIIFORMES**	
	鸻科	**Charadriidae**	
36	灰头麦鸡	*Vanellus cinereus*	
37	金斑鸻	*Pluvialis fulva*	
38	长嘴剑鸻	*Charadrius placidus*	
39	凤头麦鸡	*Vanellus vanellus*	
40	环颈鸻	*Charadrius alexandrinus*	
41	金眶鸻	*Charadrius dubius*	
	反嘴鹬科	**Recurvirostridae**	
42	黑翅长脚鹬	*Himantopus himantopus*	
	彩鹬科	**Rostratulidae**	
43	彩鹬	*Rostratula benghalensis*	
	鹬科	**Scolopacidae**	
44	针尾沙锥	*Gallinago stenura*	
45	大沙锥	*Gallinago megala*	
46	扇尾沙锥	*Gallinago gallinago*	
47	泽鹬	*Tringa stagnatilis*	
48	青脚鹬	*Tringa nebularia*	
49	白腰草鹬	*Tringa ochropus*	
50	林鹬	*Tringa glareola*	
51	矶鹬	*Actitis hypoleucos*	
52	红脚鹬	*Tringa totanus*	
53	丘鹬	*Scolopax rusticola*	

（续）

(续)

序号	中文名	学名	备注
54	黑腹滨鹬	*Calodris alpina*	
55	长趾滨鹬	*Calidris subminuta*	
	三趾鹑科	**Turnicidae**	
56	黄脚三趾鹑	*Turnix tanki*	
	鸥科	**Laridae**	
57	鸥嘴噪鸥	*Gelochelidon nilotica*	
58	黑尾鸥	*Larus crassirostris*	
59	白翅浮鸥	*Chlidonias leucoptera*	
60	白额燕鸥	*Sterna albifrons*	
	鹳形目	**CICONIIFORMES**	
	鹭科	**Ardeidae**	
61	夜鹭	*Nycticorax nycticorax*	
62	绿鹭	*Butorides striata*	
63	池鹭	*Ardeola bacchus*	
64	牛背鹭	*Bubulcus coromandus*	
65	苍鹭	*Ardea cinerea*	
66	大白鹭	*Ardea alba*	
67	黄斑苇鸭	*Ixobrychus sinensis*	
68	栗苇鸭	*Ixobrychus cinnamomeus*	
69	大麻鳽	*Botaurus stellaris*	
70	黑苇鸭	*Ixobrychus flavicollis*	
71	中白鹭	*Egretta intermedia*	
72	白鹭	*Egretta garzetta*	
	犀鸟目	**BUCEROTIFORMES**	
	戴胜科	**Upupidae**	
73	戴胜	*Upupa epops*	
	佛法僧目	**CORACIIFORMES**	
	佛法僧科	**Coraciidae**	
74	三宝鸟	*Eurystomus orientalis*	
	翠鸟科	**Alcedinidae**	
75	蓝翡翠	*Halcyon pileata*	
76	普通翠鸟	*Alcedo atthis*	
77	冠鱼狗	*Megaceryle lugubris*	
78	斑鱼狗	*Ceryle rudis*	
	啄木鸟目	**PICIFORMES**	
	拟啄木鸟科	**Megalaimidae**	
79	大拟啄木鸟	*Megalaima virens*	
80	黑眉拟啄木鸟	*Megalaima faber*	
	啄木鸟科	**Picidae**	
81	蚁䴕	*Jynx torquilla*	
82	斑姬啄木鸟	*Picumnus innominatus*	

(续)

(续)

序号	中文名	学名	备注
83	星头啄木鸟	*Dendrocopos canicapillus*	
84	大斑啄木鸟	*Dendrocopos major*	
85	灰头绿啄木鸟	*Picus canus*	
86	黄嘴栗啄木鸟	*Blythipicus pyrrhotis*	
87	棕腹啄木鸟	*Dendrocopos hyperythrus*	
88	竹啄木鸟	*Dendrocopos canicapillus*	
89	栗啄木鸟	*Micropternus brachyurus*	
	隼形目	**FALCONIFORMES**	
	黄鹂科	**Oriolidae**	
90	黑枕黄鹂	*Oriolus chinensis*	
	莺雀科	**Vireonidae**	
91	白腹凤鹛	*Erpornis zantholeuca*	
	山椒鸟科	**Campephagidae**	
92	暗灰鹃䴗	*Lalage melaschistos*	
93	赤红山椒鸟	*Pericrocotus speciosus*	
94	大鹃䴗	*Coracina macei*	
95	小灰山椒鸟	*Pericrocotus cantonensis*	
96	灰山椒鸟	*Pericrocotus divaricatus*	
97	灰喉山椒鸟	*Pericrocotus solaris*	
	卷尾科	**Dicruridae**	
98	黑卷尾	*Dicrurus macrocercus*	
99	灰卷尾	*Dicrurus leucophaeus*	
100	发冠卷尾	*Dicrurus hottentottus*	
	伯劳科	**Laniidae**	
101	红尾伯劳	*Lanius cristatus*	
102	棕背伯劳	*Lanius schach*	
103	牛头伯劳	*Lanius bucephalus*	
	鸦科	**Corvidae**	
104	松鸦	*Garrulus glandarius*	
105	灰喜鹊	*Cyanopica cyanus*	
106	红嘴蓝鹊	*Urocissa erythroryncha*	
107	灰树鹊	*Dendrocitta formosae*	
108	喜鹊	*Pica pica*	
109	达乌里寒鸦	*Corvus dauurica*	
110	白颈鸦	*Corvus torquatus*	
	玉鹟科	**Stenostiridae**	
111	方尾鹟	*Culicicapa ceylonensis*	
	山雀科	**Paridae**	
112	冕雀	*Melanochlora sultanea*	
113	黄腹山雀	*Pardaliparus venustulus*	
114	绿背山雀	*Parus monticolus*	

(续)

(续)

序号	中文名	学名	备注
115	黄颊山雀	*Machlolophus spilonotus*	
116	大山雀	*Parus cinereus*	
	百灵科	**Alaudidae**	
117	小云雀	*Alauda gulgula*	
	扇尾莺科	**Cisticolidae**	
118	棕扇尾莺	*Cisticola juncidis*	
119	山鹪莺	*Prinia crinigera*	
120	黄腹山鹪莺	*Prinia flaviventris*	
121	金头扇尾莺	*Cisticola exilis*	
122	纯色山鹪莺	*Prinia inornata*	
	苇莺科	**Acrocephalidae**	
123	东方大苇莺	*Acrocephalus orientalis*	
124	黑眉苇莺	*Acrocephalus bistrigiceps*	
	鳞胸鹪鹛科	**Pnoepygidae**	
125	小鳞胸鹪鹛	*Pnoepyga pusilla*	
	燕科	**Hirundinidae**	
126	崖沙燕	*Riparia riparia*	
127	家燕	*Hirundo rustica*	
128	烟腹毛脚燕	*Delichon dasypus*	
129	金腰燕	*Cecropis daurica*	
	鹎科	**Pycnonotidae**	
130	领雀嘴鹎	*Spizixos semitorques*	
131	红耳鹎	*Pycnonotus jocosus*	
132	白头鹎	*Pycnonotus sinensis*	
133	白喉红臀鹎	*Pycnonotus aurigaster*	
134	绿翅短脚鹎	*Ixos mcclellandii*	
135	栗背短脚鹎	*Hemixos castanonotus*	
136	黑短脚鹎	*Hypsipetes leucocephalus*	
137	黄臀鹎	*Pycnontus xanthorrhous*	
	柳莺科	**Phylloscopidae**	
138	褐柳莺	*Phylloscopus fuscatus*	
139	黄腰柳莺	*Phylloscopus proregulus*	
140	棕腹柳莺	*Phylloscopus subaffinis*	
141	黄眉柳莺	*Phylloscopus inornatus*	
142	极北柳莺	*Phylloscopus borealis*	
143	冕柳莺	*Phylloscopus coronatus*	
144	华南冠纹柳莺	*Phylloscopus goodsoni*	
145	黑眉柳莺	*Phylloscopus ricketti*	
	树莺科	**Cettiidae**	
146	棕脸鹟莺	*Abroscopus albogularis*	
147	远东树莺	*Horornis borealis*	

(续)

(续)

序号	中文名	学名	备注
148	强脚树莺	*Horornis fortipes*	
149	日本树莺	*Horornis diphone*	
150	黄腹树莺	*Horornis acanthizoides*	
151	鳞头树莺	*Urosphena squameiceps*	
	长尾山雀科	**Aegithalidae**	
152	银喉长尾山雀	*Aegithalos glaucogularis*	
153	红头长尾山雀	*Aegithalos concinnus*	
	莺鹛科	**Sylviidae**	
154	棕头鸦雀	*Sinosuthora webbiana*	
155	灰头鸦雀	*Psittiparus gularis*	
	绣眼鸟科	**Zosteropidae**	
156	栗耳凤鹛	*Yuhina castaniceps*	
157	暗绿绣眼鸟	*Zosterops japonicus*	
158	黑颏凤鹛	*Yuhina nigrimenta*	
	林鹛科	**Timaliidae**	
159	华南斑胸钩嘴鹛	*Pomatorhinus swinhoei*	
160	棕颈钩嘴鹛	*Pomatorhinus ruficollis*	
161	红头穗鹛	*Stachyridopsis ruficeps*	
	幽鹛科	**Pellorneidae**	
162	灰眶雀鹛	*Alcippe morrisonia*	
163	褐顶雀鹛	*Alcippe brunnea*	
	噪鹛科	**Leiothrichidae**	
164	灰翅噪鹛	*Garrulax cineraceus*	
165	黑脸噪鹛	*Garrulax perspicillatus*	
166	小黑领噪鹛	*Garrulax monileger*	
167	黑领噪鹛	*Garrulax pectoralis*	
168	白颊噪鹛	*Garrulax sannio*	
	䴓科	**Sittidae**	
169	普通䴓	*Sitta europaea*	
	河乌科	**Cinclidae**	
170	褐河乌	*Cinclus pallasii*	
	椋鸟科	**Sturnidae**	
171	八哥	*Acridotheres cristatellus*	
172	丝光椋鸟	*Spodiopsar sericeus*	
173	灰椋鸟	*Spodiopsar cineraceus*	
174	黑领椋鸟	*Gracupica nigricollis*	
	鸫科	**Turdidae**	
175	乌鸫	*Turdus merula*	
176	虎斑地鸫	*Zoothera dauma*	
177	灰背鸫	*Turdus hortulorum*	
178	乌灰鸫	*Turdus cardis*	

(续)

(续)

序号	中文名	学名	备注
179	白眉鸫	*Turdus obscurus*	
180	红尾斑鸫	*Turdus naumanni*	
181	白腹鸫	*Turdus pallidus*	
	鹟科	**Muscicapidae**	
182	白喉短翅鸫	*Brachypteryx leucophris*	
183	红尾歌鸲	*Luscinia sibilans*	
184	鹊鸲	*Copsychus saularis*	
185	北红尾鸲	*Phoenicurus auroreus*	
186	红尾水鸲	*Rhyacornis fuliginosa*	
187	紫啸鸫	*Myophonus caeruleus*	
188	小燕尾	*Enicurus scouleri*	
189	灰背燕尾	*Enicurus schistaceus*	
190	白额燕尾	*Enicurus leschenaulti*	
191	斑背燕尾	*Enicurus maculatus*	
192	灰林䳭	*Saxicol ferrea*	
193	蓝矶鸫	*Monticola solitarius*	
194	北灰鹟	*Muscicapa latirostris*	
195	白眉姬鹟	*Ficedula zanthopygia*	
196	鸲姬鹟	*Ficedula mugimaki*	
197	白腹蓝鹟	*Cyanoptila cyanomelana*	
198	栗腹矶鸫	*Monticola rufiventris*	
	丽星鹩鹛科	**Elachuridae**	
199	丽星鹩鹛	*Elachura formosus*	
	叶鹎科	**Chloropseidae**	
200	橙腹叶鹎	*Chloropsis hardwickii*	
	啄花鸟科	**Dicaeidae**	
201	红胸啄花鸟	*Dicaeum ignipectus*	
	花蜜鸟科	**Nectariniidae**	
202	叉尾太阳鸟	*Aethopyga christinae*	
	梅花雀科	**Estrildidae**	
203	白腰文鸟	*Lonchura striata*	
204	斑文鸟	*Lonchura punctulata*	
	雀科	**Passeridae**	
205	山麻雀	*Passer rutilans*	
206	麻雀	*Passer montanus*	
	鹡鸰科	**Motacillidae**	
207	黄鹡鸰	*Motacilla tschutschensis*	
208	黄头鹡鸰	*Motacilla citreola*	
209	灰鹡鸰	*Motacilla cinerea*	
210	白鹡鸰	*Motacilla alba*	
211	理氏鹨	*Anthus richardi*	
212	树鹨	*Anthus hodgsoni*	

(续)

（续）

序号	中文名	学名	备注
213	红喉鹨	*Anthus cervinus*	
214	北鹨	*Anthus gustavi*	
215	水鹨	*Anthus spinoletta*	
216	山鹨	*Anthus sylvanus*	
217	山鹡鸰	*Dendronanthus indicus*	
	燕雀科	**Fringillidae**	
218	燕雀	*Fringilla montifringilla*	
219	黑尾蜡嘴雀	*Eophona migratoria*	
220	金翅雀	*Chloris sinica*	
221	黑头蜡嘴雀	*Eophona personata*	
222	普通朱雀	*Carpodacus erythrinus*	
	铁爪鹀科	**Calcariidae**	
223	铁爪鹀	*Calcarius lapponicus*	
	鹀科	**Emberizidae**	
224	凤头鹀	*Emberiza lathami*	
225	白眉鹀	*Emberiza tristrami*	
226	栗耳鹀	*Emberiza fucata*	
227	小鹀	*Emberiza pusilla*	
228	黄眉鹀	*Emberiza chrysophrys*	
229	田鹀	*Emberiza rustica*	
230	黄胸鹀	*Emberiza aureola*	
231	栗鹀	*Emberiza rutila*	
232	灰头鹀	*Emberiza spodocephala*	
233	黄喉鹀	*Emberiza elegans*	
234	三道眉草鹀	*Emberiza cioides*	
		爬行纲 REPTILIA	
	有鳞目	**SQUAMAT**	
	壁虎科	**Gekkonidae**	
235	蹼趾壁虎	*Gekko subpalmatus*	
	鬣蜥科	**Agamidae**	
236	丽棘蜥	*Acanthosaura lepidogaster*	
	蜥蜴科	**Lacertidae**	
237	北草蜥	*Takydromus septentrionalis*	
238	石龙子科	*Scincidae*	
239	光蜥	*Ateuchosaurus chinensis*	
240	中国石龙子	*Eumeces chinensis*	
241	蓝尾石龙子	*Eumeces elegans*	
242	铜蜓蜥	*Sphenomorphus indicus*	
	蛇亚目	**Serpentes**	
	盲蛇科	**Typhlopidae**	
243	钩盲蛇	*Ramphotyphlops braminus*	

（续）

(续)

序号	中文名	学名	备注
	闪鳞蛇科	**Xenopeltidae**	
244	海南闪鳞蛇	Xenopeltis hainanensis	
	水游蛇科	**Natricidae**	
245	锈链腹链蛇	Amphiesma craspedogaster	
246	草腹链蛇	Amphiesma stolatum	
247	玉斑锦蛇	Elaphe mandarina	
248	黑眉锦蛇	Elaphe taeniura	
249	颈棱蛇	Macropisthodon rudis	
250	台湾小头蛇	Oligodon formosanus	
251	山溪后棱蛇	Opisthotropis latouchii	
252	钝头蛇	Pareas chinensis	
253	灰鼠蛇	Ptyas korros	
254	滑鼠蛇	Ptyas mucosus	
255	虎斑颈槽蛇	Rhabdophis tigrinus	
256	环纹华游蛇	Sinonatrix aequifasciata	
257	赤链华游蛇	Sinonatrix annularis	
258	渔游蛇	Xenochrophis piscator	
259	乌梢蛇	Zaocys dhumnades	
	眼镜蛇科	**Elapidae**	
260	银环蛇	Bungarus multicinctus	
261	舟山眼镜蛇	Naja atra	
	蝰科	**Viperidae**	
262	尖吻蝮	Deinagkistrodon acutus	
263	山烙铁头蛇	Ovophis monticola	
264	原矛头蝮	Protobothrops mucrosquamatus	
265	白唇竹叶青	Trimeresurus albolabris	
266	竹叶青	Trimeresurus stejnegri	
	两栖纲 AMPHIBIA		
	无尾目	**Salientia**	
	锄足蟾科	**Pelobatidae**	
267	淡肩角蟾	Megophrys boettgeri	
268	挂墩角蟾	Megophrys kuatunensis	
269	崇安髭蟾	Vibrissaphora liui	
	蟾蜍科	**Bufonidae**	
270	中华蟾蜍	Bufo gargarizans	
271	黑眶蟾蜍	Bufo melanostictus	

参考文献

陈智强，魏浩华，刘菊莲，等. 浙江和江西两省蜥蜴类新纪录——股鳞蜓蜥 [J]. 四川动物，2017，36（4）：479-480.

罗晓敏，涂运健. 江西灰蝶科一新记录种——台湾洒灰蝶 [J]. 南方林业科学，2020，48（4）：59-60.

表5 江西马头山站2017—2023年承担科研项目统计

序号	项目（课题）名称	项目类别	执行期（年）
1	松材线虫病树干注药防控技术示范与应用	中央财政林业推广示范资金项目	2020—2022
2	南方丘陵山区毛竹林伐蔸促腐技术推广与示范	中央财政林业推广示范资金项目	2020—2022
3	松材线虫病防控关键技术集成与推广示范	中央财政林业科技推广示范项目	2023—2025
4	基于农林废弃物资源化利用的低效林固碳增汇技术推广与示范	中央财政林业科技推广示范项目	2023—2025
5	湿地松高产脂良种高效培育技术研究	国家"十三五"重点研发计划专题	2017—2020
6	亚热带优势树种异戊二烯释放对主要全球变化因子交互胁迫的响应	国家自然科学基金面上项目	2019—2022
7	亚热带杉木林根际土壤是否存在基于"微生物碳泵"的固碳机制	国家自然科学基金青年项目	2019—2021
8	毛竹鞭根和蔸根磷吸收及其根际效应对施磷响应的分异机制	国家自然科学基金地区项目	2017—2020
9	花绒寄甲松褐天牛生物型繁殖策略及其影响因素研究	国家自然科学基金地区项目	2018—2021
10	毛竹扩张中土壤微生物群落演替与叶片可分解性、次生代谢产物的耦合机制	国家自然科学基金地区项目	2019—2022
11	毛红椿根蘖性状发生的生理和遗传机制	国家自然科学基金地区项目	2019—2022
12	中国臀纹粉蚧族昆虫分类及系统发育研究	国家自然科学基金青年项目	2021—2023
13	丛枝菌根和外生菌根树种对亚热带常绿阔叶林土壤有机碳的影响及其调控机制	国家自然科学基金地区项目	2021—2024
14	基于稳定同位素的中亚热带典型造林树种水分利用对降水格局变化的响应机制	国家自然科学基金地区项目	2021—2024
15	森林公园有机气溶胶单颗粒形貌、来源和老化机制研究	国家自然科学基金地区项目	2021—2024
16	气候变化和松材线虫病对鄱阳湖流域森林生态系统碳储量的影响	国家自然科学基金地区项目	2022—2025
17	毛竹扩张中根系分泌物介导的土壤磷转化及微生物调控机制	国家自然科学基金地区项目	2022—2025
18	丛枝菌根菌丝网络形成及其介导的邻株碳传输对杉木种内亲缘关系的响应策略	国家自然科学基金地区项目	2023—2026
19	气候变化背景下极端干旱事件对鄱阳湖流域森林生态系统碳储量的影响	江西省"双千计划"青年类长期项目	2022—2024
20	森林土壤学	江西省"双千计划"青年类长期项目	2021—2023
21	树木菌根类型驱动江西亚热带常绿阔叶林土壤碳累积的微生物碳泵机制	江西省杰出青年基金项目	2021—2024
22	林下植物对毛竹林凋落物分解磷释放过程的影响	江西省自然科学基金青年项目	2017—2019

(续)

序号	项目（课题）名称	项目类别	执行期（年）
23	金黄蓝状菌调控毛竹磷吸收的关键根际过程及驱动机制	江西省自然科学基金青年项目	2019—2021
24	濒危植物毛红椿和南方红豆杉水分利用机制及其对极端降水事件的响应	江西省自然科学基金青年项目	2020—2022
25	丛枝菌根真菌网络碳传输对杉木邻株亲缘关系的响应研究	江西省自然科学基金青年项目	2020—2022
26	红壤侵蚀土壤微生群落构建机制及应用	江西省水利科学学院开放研究基金项目	2023—2024
27	江西省松墨天牛生物学特性与种群动态的研究	江西省林业科技创新项目	2020—2022
28	道地药材黄精主要病害绿色防控技术研究与示范	江西省林业科技创新项目	2023—2025
29	江西省粉蚧科昆虫分类研究	江西省教育厅科学技术研究一般项目	2019—2021
30	亚热带典型红壤丘陵区主要造林树种水分利用对季节性干旱的响应	江西省教育厅科学技术研究一般项目	2019—2021
31	高产脂湿地松种质资源评价与繁育	江西林业科技创新专项	2018—2022
32	江西省武夷山西坡森林生态系统定位观测研究站	江西省科技厅项目	2021—2024
33	江西武夷山西坡省级森林生态系统定位观测研究站建设项目	江西省发改委项目	2021—2022
34	江西马头山国家级自然保护区鸟类调查专项	地方委托项目	2019—2021
35	马头山中药资源补充调查	地方委托项目	2020
36	基于红外相机技术的生物多样性调查及生境评估	地方委托项目	2020—2021
37	马头山保护区美毛含笑与近缘种种质差异分析	地方委托项目	2020—2023
38	江西马头山国家级自然保护区固定样地建设	地方委托项目	2020—2021
39	江西马头山国家级自然保护区固定样地建设	地方委托项目	2021—2022
40	基于红外相机技术的生物多样性调查及生境评估	地方委托项目	2021—2023
41	马头山保护区兰科植物资源调查、保存圃建设	地方委托项目	2021—2023
42	江西马头山国家级自然保护区固定样地土壤特性调查	地方委托项目	2022—2023
43	江西马头山国家级自然保护区大型真菌资源调查	地方委托项目	2022—2023
44	江西马头山国家级自然保护区两栖与爬行动物调查	地方委托项目	2022—2023
45	江西马头山国家级自然保护区群落多样性监测调查	地方委托项目	2022—2023

(续)

（续）

序号	项目（课题）名称	项目类别	执行期（年）
46	江西马头山国家级自然保护区景观多样性监测调查	地方委托项目	2022—2023
47	江西马头山国家级自然保护区重点保护野生植物调查	地方委托项目	2022—2023
48	江西马头山国家级自然保护区昆虫物种生物多样性调查	地方委托项目	2022—2024
49	江西马头山国家级自然保护区土壤微生物多样性调查	地方委托项目	2023—2024
50	江西马头山国家级自然保护区生态威胁因素调查	地方委托项目	2023—2024
51	江西马头山国家级自然保护区典型森林水源涵养	地方委托项目	2023—2024
52	江西马头山国家级自然保护区典型森林碳汇功能监测和计量	地方委托项目	2023—2024
53	马头山保护区生态服务价值评估	地方委托项目	2023—2024

表6　江西马头山站2017—2023年发表论文统计

序号	作者	论文题目	发表刊物	年份	刊物级别
1	Sun W Z, Shi F X, Chen H M, Zhang Y, Guo Y D, Mao R	Relationship between relative growth rate and C∶N∶P stoichiometry for the marsh herbaceous plants under water-level stress conditions	*Global Ecology and Conservation*	2020	SCI
2	Zhang Y, Yang G S, Shi F X, Mao R	Biomass allocation between leaf and stem regulates community-level plant nutrient resorption efficiency response to nitrogen and phosphorus additions in a temperate wetland of Northeast China.	*Journal of Plant Ecology*	2021	SCI
3	Xu J W, Ding Y D, Li S L, Mao R	Amount and biodegradation of dissolved organic matter leached from tree branches and roots in subtropical plantations of China	*Forest Ecology and Management*	2021	SCI
4	Ding Y D, Xie X Y, Ji J H, Li Q Q, Xu J W, Mao R	Tree mycorrhizal effect on litter-leached DOC amounts and biodegradation is highly dependent on leaf habits in subtropical forests of southern China	*Journal of Soils and Sediments*	2021	SCI
5	Chen G J, Shi F X, Ying Q, Mao R	Alder expansion increases soil microbial necromass carbon in a permafrost peatland of Northeast China.	*Ecological Indicators*	2022	SCI
6	Zhang X F, Zhong N H, Li R, Shi F X, Mao R	Nitrogen addition mediates monospecific and mixed litter decomposition in a boreal peatland	*Catena*	2022	SCI

(续)

序号	作者	论文题目	发表刊物	年份	刊物级别
7	Xu J W, Ji J H, Hu D N, Zheng Z, Mao R	Tree Fresh Leaf- and Twig-Leached Dissolved Organic Matter Quantity and Biodegradability in Subtropical Plantations in China	*Forests*	2022	SCI
8	Xu J W, Yang N, Shi F X, Zhang Y, Wan S Z, Mao R	Bark controls tree branch-leached dissolved organic matter production and bioavailability in a subtropical forest	*Biogeochemistry*	2022	SCI
9	Chen H M, Shi F X, Xu J W, Liu X P, Mao R	Tree mycorrhizal type controls over soil water-extractable organic matter quantity and biodegradation in a subtropical forest of southern China	*Forest Ecology and Management*	2023	SCI
10	邵瑞清，李言阔，钟毅峰，吴和平，罗晓敏，熊宇，曹开强	基于红外相机技术的江西马头山国家级自然保护区兽类和鸟类物种多样性监测初报	兽类学报	2021	CSCD
11	徐佳文，罗晓敏，涂运健，万松泽，毛瑢	毛竹林下丛枝菌根类和外生菌根类树种幼树种内和种间竞争研究	江西农业大学学报	2021	CSCD
12	魏志聪，罗晓敏，石福习，曹俊林，毛瑢	武夷山西坡退耕还林对土壤溶解性有机质含量和生物降解性的影响	水土保持研究	2023	CSCD
13	邓绍勇，虞金宝，罗晓敏，王小青，熊宇，何国平	江西兰科一新记录种—香港绶草	江西科学	2017	国内其他刊物
14	陈智强，魏浩华，刘菊莲，武妍锟，乐新贵，程松林，郭洪兴，丁国骅	浙江和江西两省蜥蜴类新纪录——股鳞蜓蜥	四川动物	2017	国内其他刊物
15	郭正福，罗晓敏，盛茂领，丁冬荪，邓小文	末姬蜂属一中国新纪录（膜翅目：姬蜂科）	南方林业科学	2017	国内其他刊物
16	郭正福，罗晓敏，盛茂领，等	寄生桃蛀螟的姬蜂及黑顶姬蜂指名亚种雄蜂记述（膜翅目：姬蜂科）	南方林业科学	2017	国内其他刊物
17	罗晓敏，陈孝斌	江西马头山国家级自然保护区有效管理评价	中国林业经济	2017	国内其他刊物
18	胡晓丽	加强行政事业单位资产管理的思考	国际商务财会	2018	国内其他刊物
19	胡晓丽	事业单位基建工程竣工结算存在的问题及改进	财会学习	2018	国内其他刊物
20	胡晓丽	基层事业单位内部控制现状及问题研究	中国乡镇企业会计	2018	国内其他刊物
21	胡晓丽	浅谈事业单位项目支出绩效评价	大众投资指南	2018	国内其他刊物

(续)

序号	作者	论文题目	发表刊物	年份	刊物级别
22	张伟清，吴和平，罗晓敏，熊宇，管毕财，李恩香	马头山国家级自然保护区石松类和蕨类植物多样性	南昌大学学报	2018	国内其他刊物
23	王小青，曾慧婷，陈超，罗晓敏，邓绍勇，何小群，蔡妙婷，陈星星，袁源见，虞金宝，何国平	江西马头山国家级自然保护区药用植物资源调查	中药资源	2019	国内其他刊物
24	张娜，姚晓洁	江西马头山国家自然保护区生态系统稳定性研究	安徽建筑大学学报	2019	国内其他刊物
25	季春峰，孙培军，钱萍，鲁赛阳，王珊珊，熊宇，罗小敏，吴和平	江西绣球花属一新纪录种——福建绣球	江西科学	2019	国内其他刊物
26	熊宇，孔亭，牛青峰	江西清凉山国家森林公园种子植物属的区系分析	南方农业	2019	国内其他刊物
27	吴和平，罗晓敏，丁冬荪，等	江西野生珍稀昆虫——Ⅳ	南方林业科学	2019	国内其他刊物
28	罗晓敏，盛茂福，丁冬荪	姬蜂科——中国新纪录种（膜翅目）	南方林业科学	2019	国内其他刊物
29	孔亭，熊宇，涂运健	马头山古树名木保护对策浅析	南方农业	2019	国内其他刊物
30	李珺	基层事业单位全面预算管理的现状及对策分析	中国乡镇企业会计	2019	国内其他刊物
31	李珺	浅谈事业单位专项资金管理的问题及建议	现代经济信息	2019	国内其他刊物
32	涂运健，张蓉，罗晓敏	江西步甲科一新记录种——离斑虎甲	南方林业科学	2020	国内其他刊物
33	罗晓敏，涂运健	江西灰蝶科一新记录种——台湾洒灰蝶	南方林业科学	2020	国内其他刊物
34	涂运健，卢颖颖	环保理念下的基层森林资源保护管理对策	现代园艺	2020	国内其他刊物
35	曹俊林，王玉喜	伯乐树种子育苗及扦插技术试验研究	研究报告	2020	国内其他刊物
36	曹俊林，王玉喜	光质对香果树种子萌发及幼苗生长影响的研究	研究报告	2020	国内其他刊物
37	胡陇伟，曹俊林	马头山保护区开展自然教育SWOT分析	农业科学	2022	国内其他刊物
38	曹俊林，胡陇伟	5G红外相机在中国自然保护区保护监测中的应用	农业科学	2022	国内其他刊物
39	孔亭，王建，熊宇	红豆树种子萌发试验与育苗技术研究	种子科技	2022	国内其他刊物
40	周资民，邓聪，孔亭	资溪县古树资源现状及保护策略	乡村科技	2022	国内其他刊物
41	胡根秀	我国含笑属植物系统关系研究	南昌大学	2021	硕士论文

(续)

序号	作者	论文题目	发表刊物	年份	刊物级别
42	丁翱东	亚热带人工林树木菌根类型对凋落叶分解和土壤有机碳形成的影响	江西农业大学	2022	硕士论文
43	李素丽	亚热带森林植物凋落叶源溶解有机碳特征和生物可降解性	江西农业大学	2022	硕士论文
44	付裕	武夷山西坡常见植物叶片功能性状及其与环境因子之间的关系	江西农业大学	2023	硕士论文
45	肖意	毛竹与4个亚热带典型树种凋落叶混合分解效应研究	江西农业大学	2023	硕士论文
46	杨娜	干湿交替对亚热带人工林凋落物源溶解性有机碳产量和光谱特性的影响	江西农业大学	2023	硕士论文
47	魏志聪	武夷山西坡造林树种对土壤有机碳储量和稳定性的影响	江西农业大学	2023	硕士论文
48	陈月鹏	亚热带三个树种丛枝菌根及其根外菌丝对土壤微生物特征和有机碳组分的影响研究	江西农业大学	2023	硕士论文
49	徐佳文	亚热带退化红壤区人工林木质凋落物分解特征及树皮效应	江西农业大学	2022	博士论文
50	陈慧敏	树木菌根类型对武夷山西坡亚热带次生林土壤有机碳及微生物特性的影响	江西农业大学	2023	博士论文

表7 江西马头山站2017—2023年授权专利情况统计

序号	专利号	专利名称	专利类型
1	2021104567.0	A strain of Burkholderi a lata PN1 and its application	澳大利亚革新专利
2	2021102451.0	A Injection Method of Multi-position automatic Injection Device	澳大利亚革新专利
3	2021102457.0	High-resolution coupling simulation system and method for land use and forest landscape process	澳大利亚革新专利
4	2021102617.0	Experimental device for collecting and measuring CO_2 respiration of roots and soil	澳大利亚革新专利
5	2021104551.0	Enterobacter ludwigii PN6 and its application	澳大利亚革新专利
6	2022/08143	Monitoring method and system of rare plant population based on unmanned aerial vehicle lidar	南非专利
7	2022117327871.0	一种多色青霉菌及其应用	国家发明专利
8	CN112358978A	一种曲霉菌及其应用	国家发明专利
9	ZL202010369970.4	一种多位自动进群装置的进样方法	国家发明专利
10	ZL202010829792.9	一种快速高效鉴别红花石蒜最佳移植时期的方法	国家发明专利
11	ZL202020664165.X	一种多位自动进样装置	国家发明专利
12	ZL201610387292.8	氯氟氰虫酰胺注干液剂及其在防治树木病虫害中的应用	国家发明专利
13	ZL201710946541	一种金黄蓝状菌及其应用	国家发明专利
14	ZL201810898081	一种肠杆菌菌种及其在促进毛竹生长中的应用	国家发明专利

(续)

序号	专利号	专利名称	专利类型
15	ZL201911376891.X	一株路德维希肠杆菌PN6及其应用	国家发明专利
16	ZL201911380491.6	一株拉塔伯克霍尔德菌PN1及其应用	国家发明专利
17	202121319570.9	用于植物菌根真菌菌丝网络碳传输试验的种植装置	国家实用新型专利
18	CN202021467020.7	一种大型真菌快速分离装置	国家实用新型专利
19	CN202021834392.9	一种大型真菌野外采集盒	国家实用新型专利
20	ZL20180090005.1	一种球形香樟种子外形大小测定装置	国家实用新型专利
21	ZL202021489025.X	一套新型林区雾滴检测固定装置	国家实用新型专利
22	ZL202021467019.4	纤维素降解菌分离培养盒	国家实用新型专利
23	ZL202021834392.9	一种苗木丛枝菌根真菌分室培养装置	国家实用新型专利
24	ZL202022297668.0	一种多通道昆虫趋光性测试装置	国家实用新型专利
25	ZL202121609432.4	一种土壤有机碳矿化培养装置	国家实用新型专利
26	ZL202221889107.2	一种土壤呼吸取样装置	国家实用新型专利
27	ZL202221938575.4	一种木本植物根系观测种植装置	国家实用新型专利
28	ZL202021010480.7	一种新型无光照小型昆虫行为监控装置	国家实用新型专利
29	ZL 2022 2 1502620.1	一种沉沙池用清淤装置	国家实用新型专利
30	2021SR0882409	智慧林场环境数据分析系统V1.0	软件著作
31	2021SR0882417	控制多位自动进样装置的操作系统V1.0	软件著作
32	2021SR1583587	土壤有机碳在线分析系统V1.0	软件著作
33	2022SR0280402	植物叶片光合自动感知系统V1.0	软件著作
34	2022SR0282566	树干径流自动收集操作系统V1.0	软件著作
35	2022SR0282715	坡面地表径流感知系统V1.0	软件著作
36	2022SR0282736	土壤体积含水率测定自动感知系统V1.0	软件著作
37	2022SR0282756	土壤水真空抽提自动操作系统V1.0	软件著作
38	2022SR0290123	植物叶片温度测定自动感知系统V1.0	软件著作
39	2022SR0290942	土壤呼吸感知系统V1.0	软件著作
40	2022SR0359141	基于穿透雨模型的雨量感知预测系统V1.0	软件著作
41	2022SR0373875	坡面土壤地下水流模拟分析系统V1.0	软件著作
42	2022SR1191279	智慧林场环境数据采集系统V1.0	软件著作
43	2022SR1191280	智慧林场森林资源数字化管理系统V1.0	软件著作
44	2022SR1191281	智慧林场土壤环境数据监测系统V1.0	软件著作
45	2022SR1270026	智慧林场森林资源数据库系统V1.0	软件著作
46	2022SR1304354	智慧林场无人机巡检系统V1.0	软件著作
47	2022SR1305192	智慧林场数字化管理平台V1.0	软件著作
48	2022SR1305282	智慧林场环境数据监测系统V1.0	软件著作
49	2023SR0159839	树木径向生长感知系统V1.0	软件著作
50	2023SR0196340	杉木人工林温室气体实时监测系统V1.0	软件著作
51	2023SR0235349	地下水位感知测算系统V1.0	软件著作
52	2023SR0235348	坡面径流水质分析系统V1.0	软件著作
53	2023SR0159840	森林叶片蒸腾感知系统v1.0	软件著作
54	2023SR0159846	树木液流测定系统V1.0	软件著作

附 录

江西马头山站部分珍稀植物图谱（乔木）

南方红豆杉（*Taxus chinensis*）

美毛含笑（*Michelia caloptila*）

伯乐树（*Bretschneidera sinensis*）

长叶榧（*Torreya jackii*）

蛛网萼（*Platycrater arguta*）

福建柏（*Fokienia hodginsii*）

江西马头山站部分野生动物图谱（兽类）

猕猴（*Macaca mulatta*）

黄麂（*Muntiacus muntjak*）

中华鬣羚（*Capricornis milneedwardsii*）

黑熊（*Selenarctos thibertanus mupinensis*）

猪獾（*Arctonyx collaris*）

花面狸（*Paguma larvata*）

江西马头山站部分野生动物图谱（鸟类）

白颈长尾雉（*Syrmaticus ellioti*）

大白鹭（*Ardea alba*）

黄腹角雉（*Tragopan caboti*）

黑冠鹃隼（*Aviceda leuphotes*）

池鹭（*Ardeola bacchus*）

白鹇（*Lophura nycthemera*）

江西马头山站部分野生动物图谱（两爬）

绞花林蛇（*Boiga kraepelini*）

斜鳞蛇（*Pseudoxenodon macrops*）

乌华游蛇（*Trimerodytes percarinatus*）

竹叶青（*Trimeresurus stejnegeri*）

中国雨蛙（*Hyla chinensis*）

小角蟾（*Megophrys minor*）

江西马头山站部分野生动物图谱(昆虫)

红灰蝶(*Lycaena phlaeas*)

曲纹黛眼蝶(*Lethe chandica*)

捷尾蟌(*Paracercion v-nigrum*)

线纹鼻蟌(*Rhinocypha drusilla*)

拉步甲(*Carabus lafossei*)

阳彩臂金龟(*Cheirotonus jansoni*)

"中国山水林田湖草生态产品监测评估及绿色核算"系列丛书目录*

1. 安徽省森林生态连清与生态系统服务研究，出版时间：2016年3月
2. 吉林省森林生态连清与生态系统服务研究，出版时间：2016年7月
3. 黑龙江省森林生态连清与生态系统服务研究，出版时间：2016年12月
4. 上海市森林生态连清体系监测布局与网络建设研究，出版时间：2016年12月
5. 山东省济南市森林与湿地生态系统服务功能研究，出版时间：2017年3月
6. 吉林省白石山林业局森林生态系统服务功能研究，出版时间：2017年6月
7. 宁夏贺兰山国家级自然保护区森林生态系统服务功能评估，出版时间：2017年7月
8. 陕西省森林与湿地生态系统治污减霾功能研究，出版时间：2018年1月
9. 上海市森林生态连清与生态系统服务研究，出版时间：2018年3月
10. 辽宁省生态公益林资源现状及生态系统服务功能研究，出版时间：2018年10月
11. 森林生态学方法论，出版时间：2018年12月
12. 内蒙古呼伦贝尔市森林生态系统服务功能及价值研究，出版时间：2019年7月
13. 山西省森林生态连清与生态系统服务功能研究，出版时间：2019年7月
14. 山西省直国有林森林生态系统服务功能研究，出版时间：2019年7月
15. 内蒙古大兴安岭重点国有林管理局森林与湿地生态系统服务功能研究与价值评估，出版时间：2020年4月
16. 山东省淄博市原山林场森林生态系统服务功能及价值研究，出版时间：2020年4月
17. 广东省林业生态连清体系网络布局与监测实践，出版时间：2020年6月
18. 森林氧吧监测与生态康养研究——以黑河五大连池风景区为例，出版时间：2020年7月
19. 辽宁省森林、湿地、草地生态系统服务功能评估，出版时间：2020年7月

---

* 本套丛书中1～20种原丛书名为"中国森林生态系统连续观测与清查及绿色核算"系列丛书

20. 贵州省森林生态连清监测网络构建与生态系统服务功能研究，出版时间：2020年12月

21. 云南省林草资源生态连清体系监测布局与建设规划，出版时间：2021年8月

22. 云南省昆明市海口林场森林生态系统服务功能研究，出版时间：2021年9月

23. "互联网＋生态站"：理论创新与跨界实践，出版时间：2021年11月

24. 东北地区森林生态连清技术理论与实践，出版时间：2021年11月

25. 天然林保护修复生态监测区划和布局研究，出版时间：2022年2月

26. 湖南省森林生态连清与生态系统服务功能研究，出版时间：2022年4月

27. 国家退耕还林工程生态监测区划和布局研究，出版时间：2022年5月

28. 河北省秦皇岛市森林生态产品绿色核算与碳中和评估，出版时间：2022年6月

29. 内蒙古森工集团生态产品绿色核算与森林碳中和评估，出版时间：2022年9月

30. 黑河市生态空间绿色核算与生态产品价值评估，出版时间：2022年11月

31. 内蒙古呼伦贝尔市生态空间绿色核算与碳中和研究，出版时间：2022年12月

32. 河北太行山森林生态站野外长期观测数据集，出版时间：2023年4月

33. 黑龙江嫩江源森林生态站野外长期观测和研究，出版时间：2023年7月

34. 贵州麻阳河国家级自然保护区森林生态产品绿色核算，出版时间：2023年10月

35. 江西马头山森林生态站野外长期观测数据集，出版时间：2023年12月